好 想 法

寶鼎出版

5分鐘商學院

商業篇

人人都是自己的CEO

劉潤 著

目錄 CONTENT

第四章

總體經濟學

第五章

金融與法律

第二篇

第六章 企業能量模型之產品

第七章 企業能量模型之訂價

第八章 企業能量模型之行銷

第九章 企業能量模型之通路

第三篇

第十章 商業世界的五大基礎邏輯

第十一章 網路世界的五大基本定律

第十二章 市場與網路行銷

第十三章 所有現象背後都有商業邏輯

推薦序

不要靠經驗或直覺做生意

——Mr. Market 市場先生／財經作家

兩年前我住在台北某一個夜市旁邊，從捷運走到夜市觀光與逛街的人絡繹不絕。夜市周邊的店面租金非常昂貴，每坪比起一般店面行情高出二至三倍。而僅僅在旁邊一街之隔不到一百公尺，因為不是人流必經之路，租金比起最精華的地段只剩下不到一半。有趣的是，這些租金相對便宜的街上，兩年來店面一間換過一間，不斷的有店面經營不善倒閉頂讓，也不斷有新的店面承接下去。

當時我心裡一直有兩個疑問，一是不明白為什麼一些天價的店面會有人願意承租，難道非得一定要租昂貴的店面生意才會好？二是不了解租金便宜但人流少的店面，到底真正做錯的是什麼。

看到這裡你的直覺應該和我一樣，問題就是出在地點。只不過「地點」是個很模糊抽象的概念，我們在判斷店該開在哪、甚至是否該在網路開店、投入多少行銷資源，到底具體的判斷標準是什麼？

本書中劉潤老師提到的「流量之河」，就可以充分解釋商家應該如何選擇地點。任何的商業模式都必須要取得客戶，只要「獲取每個潛在用戶」的單位成本，就可以將店面的成本或網路行銷的成本做出正確的判斷，比方說如果店面月租金十萬元，而潛在的顧客人流是五千人，這些潛在顧客的取得成本就是每人二十元。

用這個標準，就可以了解到租金昂貴或便宜並不是看當地的平均價格，而是看帶來潛在顧客的數量。夜市旁的店面租金看似比其他地方貴三倍，但人流卻是一百倍以上，換句話說取得潛在顧客的成本只有別人的百分之三，相比之下昂貴的店面反而是賺了！

不僅如此，不管是直播、經營 Facebook 或 Line 社群、打廣告，都可以用流量成本的概念下去做計算，只要評估後續的轉換率，就能清楚的衡量各種獲取潛在顧客的管道成本，這時候做任何商業判斷就不再是靠感覺、靠經驗，而是真正能判斷每個決策的成果，將資源投在真正有效益的地方。

過去在看各種商業類書籍時，許多關於人性、心理層面的研究看似很重要，但大多都流於理論，不知道如何應用到實際的商業行為中。但劉潤老師這本書讓我很訝異的是，無論是經濟學或心理學的知識，除了能很有系統的整理以外，也能實際的舉出應用到商業中的案例。比起案例或教學分析，我認為本書更像一本「工具書」，遇到任何問題或計畫，只要把書中所有案例拿起來檢查一次，就能挑出可以適用的技巧。正確的了解人的行為與心理狀態，往往能讓我們事半功倍。

舉例來說買一千元的鍋子送價值五十元的勺子，直覺上我們認為顧客會因為受到優惠吸引進而能促銷產品，實際結果呢……沒想到顧客卻完全不在意。原來，背後的心理因素是「基本比例謬誤」，因為人對比例是敏感的，五十元勺子的比較基準是一千元的鍋子，一比之下發現是一千元送五十元，才優惠百分之五而已。

而優惠策略並非不可行，其實只要做一點點的調整結果就會大不相同，比方說買一千元的鍋子，加一元就送五十元的勺子，這時勺子的比較基準就不再是鍋子，而是只用一元當成比較基準，換來五十元的勺子，比例上相當於賺了五十倍的感覺，顧客相對會覺得非常划算。

許多看似沒道理的事情，往往在書中也能一點就通。以前我常常不明白，為什麼許多中小企業的老闆和業務員，常常都要陪客戶去喝酒應酬，搞得自己很傷身，業績也不見得比較好。但是這種獲取業務的管道，竟然還被許多人當成一種合理的方法，他們的經驗是不應酬就沒有業績，有許多公司甚至編列大量的預算用在業務的應酬上。

真正的問題到底出在哪裡？

「你陪客戶喝酒，是因為做產品沒有流汗。」一句話道破了問題的癥結點，許多老闆認為產品不賣是因為自己沒有努力去賣，因此透過吃飯、喝酒、靠關係等等方法進行推廣，但這些方法不但沒有解決問題的本質，也就是「產品」本身的不足，而且還誤以為產品沒問題、有問題的是通路管道。任何事業的資源都很有限，當資源投在錯誤的地方，無形間就會減少獲利、提高未來經營的風險。

最後推薦大家可以去下載「得到」App，這是大陸目前最熱門的知識學習音頻，上面有許多各領域頂尖的人士傳授他們濃縮過的知識，更棒的是只需要掛個耳機，就可以充分運用通勤或休息時間做學習。最後提醒，任何知識都要實際運用才能真正學會，推薦閱讀完這本書並嘗試實際運用在工作或生意上，你的商業思考將不再受限於經驗與直覺。

推薦序

一本適合商業初學者的好書

——阿升／「阿升投資討論區」版主

這本書非常適合商業初學者閱讀。

作者用淺顯易懂的案例，來說明幾個重要的商業概念，包含消費心理學、行為經濟學、個體經濟學、總體經濟學……其中幾個概念跟我們日常生活會遇到的問題息息相關，例如錨定效應、沉沒成本、邊際效益……。

我近期才遇到一個錨定效應的例子。我陪朋友到自費項目的醫療院所諮詢，院長本人親切的解答各種問題後，再由諮詢師將我們帶離，私下談論價格。當天諮詢師說明了價格表，然後補上一句：「關於綜合方案，諮詢師會再跟院長做討論。」朋友回去後，諮詢師再簡訊回覆，院長因為某某原因，覺得該朋友很適合做哪些項目，並願意提供優惠方案，優惠後的價錢就比當初講的原價便宜許多。

這就是典型的錨定效應，先將消費者心目中的價格訂在一個較高的位置，就會顯得優惠價非常便宜，若消費者懶得貨比三家，很容易就會買單了。

再舉機會成本為例，買股票的散戶會因為一直惦記著自己的買價，當股票套牢時，因為不願意承擔損失而遲遲不願意賣出，即便該標的基本面每況愈下，殊不知他的資金此時若投資別的標的，可能早已把過去的虧損賺回來了。

這些心理效應在商業世界的應用非常多，了解並加以運用，可以大大提升業績，站在消費者的角度，也可以防止被不肖的商人利用。

不僅是商業世界，在人生的其他面向，例如愛情、人際關係……這些效應都能善加運用。各位可能聽過某些朋友會跟不合適的另一半苦撐多年，遲遲不肯分手，或者跟某位朋友曾經因為某個事件結下梁子，從此就看對方什麼都不順眼，這都是一些不良的心理效應在作祟而不自覺。這些效應就算察覺了都不一定能抵抗，更何況是根本不自覺被操弄的人。而解決之道就是透過閱讀，不斷的理解，並且在生活中實踐，久而久之，就有機會比一般人做到相對理性。

本書的後半段，著重在企業的行銷手法，如何訂價？如何創造口碑？如何經營社群？書中舉了很多實際的商業案例，解釋這些概念的應用方法，並會在每個小章節，都貼心的為讀者做小總結。讀完這本，將一次了解許多實用的商業概念，是初步理解商業世界的懶人包。

推薦序

讓時間成為你的朋友

——連啓佑／將能數位行銷創辦人

知識就是力量，管理是需要知識的。

要提升管理知識，閱讀是個有效的途徑。閱讀大部頭的管理經典，例如彼得．杜拉克的《管理的實踐》，可以讓你對管理有比較系統性、全盤性的掌控，你會有比較寬的視界，比較長遠的縱深，來看待自己面臨的管理難題，知其然，也知其所以然，處理問題時，你也可以比較從容。

然而，經典的閱讀與體悟，非一朝一夕之功，要能把經典融會貫通，內化成自己的管理思維和邏輯，這件事實際上並不容易，筆者從事培訓、顧問相關工作，多年來接觸的管理者不知凡幾，能達到上述境界者，也不過少數人而已。

日常的管理問題多如繁星，有沒有任何書籍，可以針對性的幫助我們解決眼前的管理問題，卻又可以做到不丟失完整的理論體系，不致於淪為見樹不見林的餖飣之學？

劉潤先生撰寫的《5分鐘商學院》，就是一本這樣的好書。

有別於一般雜感式、隨筆式的管理文章，劉潤先生的《5分鐘商學院》脫胎於完善的事先規劃和極其強大的執行力。劉潤先生是大陸知名的管理顧問，平常多半在幫CEO上課，他應「羅輯思維」創始人羅振宇之邀，以每天一篇、每週五篇、一年兩百六十篇的節奏，為讀者寫管理文章。為了達成這項艱鉅的任務，劉潤先生主要做了三件事，其一，花了十五天時間閉門苦思，總結了他多年的管理經驗，並且將這些經驗轉化成各個管理主題；其二，大量的閱讀與資料整理，為每個題目準備好豐富的素材；其三，提煉，先花兩小時運用素材撰寫出長文，再花三小時把長文濃縮成一千八百字的短文，並且把文章統一在案例—演繹—總結這樣輕薄短小，容易閱讀吸收的架構中，上述把掛鐘放在懷錶裡的工作，他還不是只做一次，而是紮紮實實的做了兩三百次，如此才成就了這一本含金量極高的好書。

以「錨定效應」為例，筆者還記得以前在學校上行銷課，教授花了大半個鐘頭解釋這個概念；看劉潤先生的文章，五分鐘，懂了。

羅振宇說，「時間是絕對剛性約束的資源」、「時間是一個戰場」，時間不是等量等價的，你能做的，是讓時間成為你的朋友，而不是敵人。

閱讀劉潤先生的《5分鐘商學院》，是讓時間成為你的朋友的重要一步。

推薦序

你以為的頓悟，其實只是別人的基本功

——楚狂人／全台最大投資教學網站「玩股網」執行長

已經超過一年了，每天早上送小孩上學後，開車去公司的路上都一定會聽劉潤老師的《5分鐘商學院》，從商業篇、管理篇、個人篇、工具篇，我每一篇都聽過不止一次，看過逐字稿，甚至還跟幾位同樣是開公司的朋友一起組成讀書會，每個月都輪流分享，一起討論。

因為真的覺得有收穫。

像我們這種不是商管本科系的公司老闆，從開發產品到賣產品到管理員工，到管理自己的時間，其實都是外行，以前只能悶著頭憑感覺，憑經驗去做，做錯了，踩坑了才發現，喔，原來不能這樣幹，但是每次做錯決定的代價都至少是幾百上千萬。

當時也沒覺得怎樣，安慰自己說不試過怎麼知道這條路行不通呢？愛迪生在發明燈泡前也是失敗了一千九百九十九次不是嗎？我不是犯錯，我只是證明這條路行不通而已。

因為以前也沒創業過，所以就不斷踩坑，不斷花費高昂代價試錯。有跟一些創業前輩聊過，他們有些人給的建議是去讀書，有些人建議去上個商學院學習，但一來要讀的書太多，真的能看書的時間不夠，而且老實說商管書這麼多本，根本不知道從何讀起；去商學院學習風險更高，除了學費以外，上課時間、寫作業時間都要硬榨出來，也不知道學了有沒有用，從沒經營過公司的教授們真能教會我治理公司嗎？

直到看到劉潤老師的《5分鐘商學院》，從商業篇，講消費心理學，講訂價，講定位理論，再到管理篇的X-Y理論、班尼斯定理、懶螞蟻效應，五分鐘從管理者真正可能遇到的問題開始講起，到如何用這篇的工具或觀念解決問題，到延伸應用，讓人大呼過癮。

看了《5分鐘商學院》之後，才發現，原來之前花了很多代價才學會的事，其實早就有人研究過，寫成定律，我如果能夠在創業前就看過這套書，我可以少走很多彎路，少做很多錯事，少花很多錢。

就像劉潤老師說的：「你以為的頓悟，其實是別人的基本功。所謂的頓悟，是學遍古今之後的豁然開朗，是苦練十載之後的無招勝有招。頓悟就是騎車，摔了無數次之後，最後突然控制住平衡的那一刻。基本功，是頓悟不出來的。」

原本我都會到大陸去買劉潤老師的書，這次很慶幸寶鼎出版社願意引進到台灣發行，我已經預計會買幾套送給我同樣在創業路上不斷踩坑的朋友，我想如果你也是自己開公司，相信我，你一定也需要這套書，也許學會一兩招就能幫你省下一兩千萬也說不定。

各界好評

「念商學院不是人人能負擔，好的商學院老師能夠具備實戰經驗又能與時俱進，說得深入淺出，更是少之又少。然而這兩件事劉潤在這本書為我們做到了。」

——**丁菱娟** 世紀奧美公關創辦人

「如果商場是個武林，這本書無異是每個俠客爭看的武林祕笈！極力推薦，用作者劉潤豐富的經驗和套路經營自己成為武林高手！」

——**何炳霖** cama café 創辦人暨董事長

「以貼近生活的例子帶領讀者洞悉商業概念，梳理出那些還不認識、就已經默默招呼在我們身上的各種套路。」

——**吳致賢** Pala.tw 站長

「我在中國的很多商學院講過課，中國的商學教育這些年取得了很大成績，但也有美中不足：占用大家大量的時間，學費還特別貴。所以我在想，能不能有這樣一個產品，能用一盒月餅的錢，把商學院的知識濃縮在每天的服務中提供給你，我覺得這是可以造福很多人的一件事情。近來，這個想法被我的朋友劉潤實現了。劉潤之前是百度、海爾這樣大企業的戰略顧問，他的商學功底和實戰經驗，做這件事非常合適。希望你立刻加入劉潤的《5分鐘商學院》，讓我們一起成長！」

——**吳曉波** 著名財經作家、「吳曉波頻道」創始人

「這個時代多元發展已經不是選擇，而是一種必須。想要高效率的自我提升，《5分鐘商學院》是我推薦給你的必修。」

——**林書廷** 「書廷理財日記」部落客

「實戰派，所有派別中我最喜愛的一種；超過五十種實用商業概念，千萬關注此書。」

——**黃晨皓** PopDaily 波波黛莉共同創辦人

「我有一個願望，科技不再是奢侈品，每個人都能買得起，每個人都能享受到科技的樂趣。於是，經過一段時間的努力，市場上就有了高性價比的小米手機。現在，我的朋友劉潤也有一個同樣的夢想，他希望辦一個商學院，每個人都能上得起，每天只要花五毛錢，就可以學到實用的商學院知識。於是，他做了高性價比的《5分鐘商學院》。劉潤本人曾經寫過分析小米的書，非常深刻到位，同樣，他對商業的理解也非常透徹。讓我們一起，從《5分鐘商學院》開始，共同成長。」

——**雷軍** 小米創始人、董事長兼CEO

「劉潤的訂閱專欄《5分鐘商學院》上線三個月，就突破了五萬訂閱用戶。他花了很大的力氣，把經典的商業概念和管理方法用大家都聽得懂的語言講出來，而且很多方法都是聽完就直接用得上的招式。堅持聽下來，每天五分鐘，就等於足不出戶上了一所商學院。很多人都在稱讚他的商業功底，我從他身上學到的倒是——什麼方法也比不過建設性的行動力。」

——**羅振宇** 羅輯思維和「得到」App創始人

自序

人人都是自己的CEO

當自己的執行長（CEO），此話怎講？給你講個故事。

孫浩，在中國美術館舉辦個人畫展的最年輕的藝術家。二〇一六年嘉德春拍中，他的作品〈滿江紅〉被以七十四萬七千五百元人民幣[1]的價格拍出。

當年，孫浩在音樂和繪畫上都極有天賦，但他也面臨很多人都曾有過的人生兩難：怎麼選？

最後，他選擇了繪畫方向繼續精進。他跟我說：音樂是個金字塔，能到達塔尖的就那一兩個人。但繪畫是梯形台，你的畫可能賣五萬元一平方公尺，也可能賣五十萬元一平方公尺，每一層都能養活一批畫家，成功機率明顯高很多。

1　以下幣值若未特別標注皆為人民幣。

這背後，其實是商學裡的一個常見概念：集中市場和分散市場。

有些行業注定是分散的，誰都不可能占據很大的市場份額，但做得好也能很優秀，比如畫畫，比如開飯店。但集中市場完全不同，一旦成功就容易壟斷、一家通吃，比如音樂，比如今天的很多網路業態。

如果孫浩自己是一家「公司」，那他作為「執行長」，無疑做出了最正確的市場選擇。

01

今天，不管你願不願意，你都被捲進了「無限責任時代」。

每個人都是自己這家「無限責任公司」的執行長，承擔全部的風險和回報。

還記得那四個因搶月餅被開除的阿里員工嗎？[2]前一秒還守著一份人人羨慕的工

2 二〇一六，四名阿里巴巴工程師利用系統漏洞，竄改電腦程式，以搶占公司發放的中秋月餅券，經公司發現後即遭開除。

作，後一秒就因為貪小便宜出了局。

誰敢說自己能穩穩當當的捧著飯碗？組織就一定可靠？

你必須像經營公司一樣經營自己：構建自己的協作關係、塑造自己的產品和服務、呵護自己的名聲、把注意力投放到產出更高的地方。

所以，人人都需要商學院的知識。商業邏輯、商學概念、管理方法和實用工具，都是從人性的骨子裡來、被反覆驗證過的套路和模式。

過去，用於經營公司。

未來，用於經營自己。

不懂這些，不做好自己的執行長，別人就會把你從那個位置上趕下來，把你當成小兵來使喚。

02

過去，我是給執行長講課的。

我給海爾、百度、恆基、中遠這些大企業當戰略顧問。二〇一五年全年，我有一百多天在給企業上課，是中國最貴的商業顧問之一。

二〇一六年四月，羅輯思維的羅振宇對我說：我知道你給很多商業精英和大企業老闆講課，時間寶貴，但我想邀請你做一件真正的大事——每天寫一篇專欄，每週五天，全年五十二週，一共兩百六十期，不間斷的跟更多求知好學的夥伴們，分享你的商業洞察。

我當時有點被嚇到：每天一篇，全年兩百六十期，這可不是一個小的承諾啊！尤其羅振宇還叮囑我：一定要有翰林院伺候皇上讀書的姿態。意思是說，別以為你是大學士就了不起，你要有把聽眾都當皇上的心態，這事才能做成。

於是，我把自己關在上海的辦公室裡，閉關苦思了十五天，結合傳統商學院課程和自己多年的實踐經驗，絞盡腦汁打磨出一張包含四個季度、兩百六十篇內容的課表，幾乎把我畢生所學都放到了裡面。有了課表，我才稍微安了心，這活，也許我能幹。

接下來，我開始反覆打磨樣稿，立志要在五分鐘之內，講透一個有用的商業概念，讓你用洗臉、刷牙的時間，就能系統學習最好的商業知識。這可不是一件容易的事，我來來回回改了將近五十稿，經過半年地獄般的折磨之後，《劉潤．5分鐘商學院》終於在二〇一六年九月二十六日上線。我感覺就像跑完一場馬拉松，但其實，這只是開始。

每一期五分鐘內容的背後，我至少要花五個小時準備。先整理出兩萬字的素材，花兩小時寫出長文，再花三小時把它縮短到一千八百字，每篇文章的字數浮動在正負二十字之間。為的就是在保證內容豐富、邏輯順暢的前提下，最大程度的為你節省時間，讓你只需要花五分鐘就能聽到經典實用的商業概念。

事實上，這五分鐘裡涵蓋了多重層次：先用一個身邊場景導入，讓你覺得這事和自己有關係；然後打破你的錯誤認知，激發好奇；再用一個極具說服力的案例，帶出核心邏輯；僅有這些還不夠，接下來舉一反三，告訴你最有用的「how to」——怎麼做，這時你已經有巨大的價值感了；最後，把所有關鍵點用一兩句話說清楚，重新強化概念，提煉金句，幫你把概念存在大腦中最合適的地方。

做個掛鐘是不夠的。把掛鐘的結構塞進懷錶裡，才是對你的時間最大的尊重。

03

一年專欄結束，我把兩百六十期的精華內容集結成書。

每一節都是一個即學即用的實用概念，用力扎破那層懂與不懂、會與不會的窗戶紙。比如「如何給產品訂價」，「如何把銷售團隊變成虎狼之師」，導入概念，講述邏輯，給出方法。

每一章都是一門學科，消費心理學、企業能量模型、如何選人、如何有效激勵、如何培養快速學習能力等，五篇內容一路展開，透徹清楚。

每一本都是一個獨立體系：

①第一本商業篇，教你最經典的商業概念；

②第二本管理篇，教你最有效的實戰管理方法；

③第三本個人篇，教你怎樣讓自己變得更值錢；

④第四本工具篇，教你如何借助外力，提升前三者。

這套書的最大價值，不是入門，也不是普及，而是想幫所有行業的人搭建一個系統的商業認知框架。

兩百六十期的思考、方法、理論，不是空中樓閣，而是實實在在的經驗總結，你可以隨時學習、即學即用。就好比我準備了一個藥房，任何一個和商業、管理、個人習慣養成有關的問題，在這個藥房裡都能找到藥櫃，都有藥方和藥材。而你要做的，就是通過不斷的學習，拿走這些藥方、藥材，然後在大腦裡還原出一個完整的商業知識系統。當未來的某天，你遇到問題時，能隨時從這裡調出解決方案，省去走彎路和瞎琢磨的時間。

每一件事情背後，都有其商業邏輯。我期待，當你學完這套書，掌握了足夠多的經驗和套路，再遇到問題，就能及時找到方案，提高工作和生活的效率，創造更多的商業價值。

我也期待，有更多人加入到商業學習中來。每天五分鐘，讀個商學院。目前已經有超過十七萬學員訂閱專欄。如果想要聽到每期內容，想要看到更多各行各業同學們的精華留言以及我的相關回覆，歡迎掃描下面的 QR code，加入我們吧。

第1篇

PART ONE

第一章

消費心理學

讓用戶從最有錢的那個心理帳戶花錢——**心理帳戶**

不要為打翻的牛奶哭泣——**沉沒成本**

貴和便宜是相對的——**基本比例謬誤**

得到一百元，可以彌補失去一百元嗎——**損失趨避**

拉個墊背的，顯示你便宜——**錨定效應**

1 讓用戶從最有錢的那個心理帳戶花錢——心理帳戶

有的時候，客戶不是覺得貴，只是覺得你的東西貴。因為你放錯了帳戶。

一切關於商業的問題，最終都是人的問題。所以，我們首先學習消費心理學。

你有沒有遇到過這樣的客戶：滿懷激情的跟他聊了很久，介紹了半天產品，他也確實很心動，似乎什麼都好，但最後還是覺得太貴了。

真的是因為他小氣嗎？你可能會發現，他的包、他的錶都很奢華。小氣和大方是相對的。有沒有什麼辦法可以讓這些所謂小氣的客戶變得大方呢？那我們就來講一講小氣和大方背後的商業邏輯。

這個世界上，沒有絕對的小氣，也沒有絕對的大方，**只有一個人對商品價值的判斷——他認為商品值不值這個價**。他可能會在這件商品上非常小氣，但是在其他商品上卻很大方。為什麼會這樣？那是因為錢在我們每個人心裡並不是統一存放的，我們會把錢分門別類的存在不同的心理帳戶裡，比如生活必要開支的帳戶、家庭建設和個人發展的帳戶、情感維繫的帳戶、享樂休閒的帳戶等。

假如你今晚打算去聽一場演唱會，要出發的時候，發現自己剛買的一張價值兩百元的車票丟了。這個時候，你是否還會去聽演唱會呢？很多人的選擇是去。雖然車票丟了很心疼，但不能因此不去聽演唱會啊。可是如果情況變一下，你剛要興奮的出門去聽演唱會，突然一摸口袋，發現打算用來買演唱會門票的兩百元不見了，這種情況下，你還會去聽演唱會嗎？大多數人會想：既然買門票的錢都丟了，那還去聽什麼演唱會啊！算了，還是乖乖的待在家裡吧。

這就出現了一件非常有趣的事情：同樣是丟了兩百元，車票裡的兩百元和買演唱會門票的兩百元，在我們心中其實屬於不同的心理帳戶。車票裡的錢屬於生活必要開支的帳戶，而買演唱會門票的錢則屬於享樂休閒的帳戶。當車票丟了，我們會覺得這跟演唱會沒什麼關係。可是當買演唱會門票的錢丟了，我們就會覺得自己已經在享樂休閒的帳戶裡消費了兩百元，如果再花兩百元，就意味著消費了兩次，可能就超支了。所以，大多數人這個時候會選擇不去了。絕大部分人都會受到心理帳戶的影響，他們並不是以同樣的態度來對待等值的錢財。

那麼，我們應該如何利用心理帳戶的邏輯去影響消費者的購買決策呢？

比如一個生產巧克力的工廠，在做宣傳的時候說巧克力多麼好吃，但是花幾百元買一盒巧克力給自己吃，大多數人是捨不得的，因為他們會把這筆消費記在生活必要開支的帳戶裡。而如果宣傳側重於「巧克力是送給愛人最佳的禮物」，顧客就有可能花幾百元來買巧克力，因為這是在他情感維繫的帳戶裡進行的開支。所以，我們經常發現，有些顧客會買一些自己平常捨不得用的東西送人，因為這在他的心中屬於兩個完全不同的帳戶支出。

再比如一家裝修公司，客戶覺得裝修方案的報價太貴了。這個時候，如果能讓客戶明白裝修方案其實很巧妙的幫他省出了四五平方公尺的面積，他可能就會非常動心。因為他會覺得這個方案幫他在買房的帳戶裡省了錢，而不是在裝修的帳戶裡多花了錢。

這個非常有趣的邏輯，就叫作「心理帳戶」。

KEYPOINT

心理帳戶

每個人都把等值的錢分門別類的存在心裡不同的帳戶中。客戶並不小氣，只是商品被錯放在他不願意付費的心理帳戶。要讓客戶把錢從不願意花錢的心理帳戶轉移到願意消費的心理帳戶，就要改變他對商品的認知。

2 不要為打翻的牛奶哭泣——沉沒成本

人們往往會陷入這樣的誤解：前期投入愈大，後期就會忍不住投入更多。

我們每個人都有買東西討價還價的經歷。比如逛街時，你在店裡看見一件非常漂亮的衣服，很想買，可是跟店主討價還價好半天，店主就是不願意降價。怎麼辦？假裝說「不要了」，然後掉頭就走嗎？店主可能根本不搭理你，你走就走了，錯過了這件衣服。那麼，到底怎麼做才是正確的方法呢？其實還有一種策略可以嘗試，這種策略叫作「沉沒成本」。

舉個例子，二十世紀六〇年代的時候，英、法兩國政府聯合投資開發大型超音速客機——協和飛機，這種飛機的機身大，裝飾豪華，而且速度特別快。但是，這項開發可謂一場豪賭，單是設計一個引擎的成本就高達數億美元。項目剛開展不久，英、法兩國政府就發現了問題，這個項目不但研發花費巨大，而且設計出來也不知道市場前景如何。可是如果立刻停止研發，之前所有的投資都將付諸東流。到底是繼續，還是停止呢？項目就在這種糾結中緩慢推進，隨著研發工作愈來愈深入，兩國政府也愈來愈難以做出停止的決定。最終，協和飛機研究成功了。但是，這種飛機有巨大的缺陷，比如耗油多、噪音大、汙染嚴重等，而且運營成本實在太高，不適合市場競爭。最終，英、法兩國政府為此蒙受了巨大的損失。

有人可能會說：幹麼不早點放棄呢？本來很多損失是可以避免的。這個道理雖然聽上去很簡單，但實際情況卻是人們往往會陷入這樣的誤解：前期的投入成本愈大，後續的投入就會愈多。**人們在決定是否做一件事情的時候，不僅僅看這件事情未來對自己有沒有好處，同時也會看過去已經在這件事情上投入了多少。這是一種有趣而頑固的非理性心理，我們稱之為「沉沒成本」，也叫「協和效應」**。

其實，這種效應每天都在我們身邊發生。比如，你花五十元買了一張電影票，在電影院看了一會兒之後，發現電影不好看。這個時候，你會選擇繼續看下去，還是站起來就走呢？據調查，絕大部分人都會選擇繼續看下去，他們可能會一邊玩手機，一邊堅持把電影看完，因為不想浪費已經花出去的「投資」，這就是沉沒成本。

在商業世界裡，沉沒成本的心理會給我們帶來一些什麼樣的機會呢？

回到開頭說的買衣服的事情上，如果你真的很想買那件衣服，就應該在店裡花盡量久的時間，反覆的挑選、試穿，不停的跟店主溝通。等店主覺得你一定會買的時候，你再跟他討價還價，然後表示對價格不滿意，掉頭就走。這時候，店主給你優惠的可能性會大大提升。

為什麼會這樣？因為店主已經花費了大量的時間和精力，為了不讓這部分沉沒成本損失掉，他會盡最大的努力來促成這筆交易。而買家其實使了一點「壞」，給店主製造了一部分沉沒成本，然後利用店主對沉沒成本的損失厭惡，在談判中獲得了巨大的優勢和主動權。

當然，沉沒成本的邏輯不僅可以用在討價還價上，還可以用在很多商業場合。比如，很多商業機構在客戶一旦有一點購買欲望的時候，就會想方設法的收一些訂金，不需要很多，一萬元的商品只收五百元。當客戶回到家裡，購買衝動消失，開始舉棋不定的時候，因為不想損失五百元的沉沒成本，可能會一咬牙，買下那個其實並不特別需要的一萬元的商品。

再舉一個生活中的例子，一個女孩子要結婚，男女雙方都會竭盡所能的挑場地、訂婚宴、發請柬……一直折騰到兩個人都不想再結一次婚為止。女孩子，或者說男女雙方，用婚禮這種形式，為婚姻設下了一個巨大的沉沒成本。結婚之後，如果真有一天兩人鬧彆扭了，嚴重到想要分手的地步，他們都會認真的想一想：如果真的分手，以後可能還要再辦一次婚禮，那真是太麻煩了。所以，從經濟學原理的角度來說，婚禮就是為婚姻的長期穩定設下的一個沉沒成本。

KEYPOINT

沉沒成本

沉沒成本即已經產生的花費，也叫作「既定成本」。沉沒成本沒有好壞的區別。由於沉沒成本心態的頑固性，有目的的給對方製造沉沒成本，有利於提高交易的成功率。反過來，如果能夠克服這種心理偏見，不被這種情緒所左右，就有可能做出更加理性的商業判斷。

3 貴和便宜是相對的——基本比例謬誤

找到一個小的價格基數，展現一個大的優惠比例，會讓消費者獲得巨大的價值感。

商家開展促銷活動，買一個一千元的鍋送一個價值五十元的勺子。本來滿心以為顧客會很感激，鍋的銷量可以大大增加，結果卻發現顧客並不在意。為什麼會這樣？是因為送得太少嗎？

其實不是。商家送得並不少，只是讓顧客感覺送得少了。在大多數顧客心中，一千元送五十元，優惠百分之五，不算什麼。所以，儘管商家覺得很心疼，顧客反而會覺得沒誠意。這是因為在消費者心中有一個非常重要的價值判斷邏輯，叫作「基本比例謬誤」。

舉個例子，一次，你在A商店看到一個鬧鐘，覺得很不錯，就是有點貴，要一百元。本來你都想買了，可是一個朋友告訴你附近的B商店也有這款鬧鐘，而且正在做活動，只要六十元。從A商店到B商店需要十分鐘，你會不會去買？可能很多人會選擇去。一百元的東西只賣六十元，確實便宜好多。

又有一次，你在C商店看中一塊心儀已久的名錶，無可挑剔，就是太貴，要六千六百元。朋友告訴你D商店也有這款錶，便宜五十元，只要六千五百五十元。從C商店到D商店也只要十分鐘，你去不去？這個時候，很多人就會想：「六千六百元的東西才便宜五十元，那也叫便宜？還是算了吧，為這點錢跑一趟不值得。」

這就出現了一個很有趣的現象：你願意花十分鐘去另外一家店買鬧鐘，為的是省四十元；卻不願意去另外一家店買名錶，哪怕可以省五十元。都是十分鐘的時間成本的付出，為什麼四十元就覺得很值，五十元反而不值了呢？這就是基本比例謬誤。

在很多場合，**人們本來應該考慮數值本身的變化，基本比例謬誤卻使人們更傾向於考慮比例或者倍率的變化。也就是說，人們對比例的感知比對數值本身的感知更加敏感。**如果你把一個二十元的東西喊價到十五元成交，一定比把一個一百二十五元的東西喊價到一百二十元更有成就感。由此可見，人類其實是多麼不理性啊！也正因為這種不理性的存在，才有了消費心理學的誕生。無論是商家，還是消費者，都需要了解一些消費心理學。這樣，作為商家，才知道如何讓消費者更大程度的感知商品的價值；作為消費者，才會知道商家為什麼會這麼做。

那麼，商家能如何利用基本比例謬誤的邏輯來銷售商品呢？

第一個方法是換購。比如買一個一千元的鍋送一個價值五十元的勺子，商家可以試著把贈送的勺子換成另一種換購的邏輯：買一千元的鍋，只要加一元，就可以得到一個價值五十元的勺子。兩種情況看似沒有本質的變化，但是在消費者心中，比例卻發生了翻天覆地的改變。在第一種情況下，消費者會拿五十元的勺子和一千元的鍋對比，覺得優惠比例只有百分之五；而在第二種情況下，消費者會有一種「用一元買到五十元商品」的倍率感，他會覺得特別划算。這就是為什麼很多商場都熱衷於搞換購活動的原因了，其實就是抓住了顧客的消費心理。

第二個方法是比較。比如一個賣電腦的商家，想把四GB的記憶體賣掉，單獨一個四GB記憶體賣兩百元，顧客可能買，也可能不買。但如果商家告訴顧客，一台四GB內建記憶體的電腦要賣四千八百元，而一個八GB內建記憶體的電腦只需要五千元，顧客可能就會覺得：「哇，電腦性能提高了一倍，卻只需要多加兩百元而已，真划算。」對商家來說，只是多一個四GB記憶體就多兩百元的差異，卻使顧客產生了完全不一樣的感覺。這就是利用了基本比例謬誤的邏輯。

KEYPOINT

基本比例謬誤的應用方式

第一，在促銷的時候，價格低的商品用打折的方式，可以讓消費者感到獲得更多優惠；價格高的商品，則用降價的方式讓消費者感到優惠。也就是說，價格低的時候講比例，價格高的時候講數值。第二，用換購的方式，讓消費者在心理上把注意力放在價格變化比例很大的小商品上，這樣會產生很划算的感覺。第三，把廉價的配置品搭配貴重的商品一起賣，相對於單獨賣這個廉價商品，會更容易讓消費者產生價值感。

4 得到一百元，可以彌補失去一百元嗎——損失趨避

一個人因失去帶來的痛苦，比等量得到產生的快樂，強烈二．五倍。

一個家具商場因為物流成本上升，決定以後不再向客戶提供免費的配送服務，每件家具需另收二十元配送費。結果消費者對此非常不滿。假設你是商場負責人，在二十元必須收的前提下，有什麼辦法能讓消費者理解並接受商場的做法呢？

站在消費者的角度思考，他真的覺得這二十元的配送費不合理嗎？當然不是。他之所以這麼抗拒，是出於對這種突如其來的損失本能的趨避。

什麼叫作「損失趨避」？

比如，有個人在上班的路上撿到一百元，剛要高興，錢突然被風捲走了。也就是說，他先撿了一百元，後來又丟了一百元，快樂和懊惱正好相互抵消，他似乎應該回歸沒有撿到錢之前的平靜狀態。可是大部分人在這個時候，一天的心情都不會太好。**得到的快樂並沒有辦法緩解失去帶來的痛苦**，心理學家把這種對損失更加敏

感的底層心理狀態叫作「損失趨避」。甚至有科學家經研究發現，損失帶來的負效用是同樣收益帶來的正效用的二．五倍。

損失趨避，源於遠古時代人類的自我保護心理，在今天的商業社會裡，引發了很多有趣的現象。

舉個例子，有位老人的家門口有塊公共綠地，他非常喜歡在這片綠地上享受陽光。可是從某天開始，一群小孩子經常來這片草地上玩耍，非常吵鬧。老人很想把小孩子趕走，但草地是公共的，不歸他私人所有，他沒有權利這樣做。於是，老人想了個辦法，他對這群小孩子說：「我喜歡熱鬧，你們明天接著來玩吧！只要你們來玩，我就給每個人發十元。」這群小孩子喜出望外，第二天都來了，每個人都得到了十元。就這樣過了幾天之後，老人說：「我不能再給你們每人十元了。從明天開始，只給每人五元。」小孩子有些不悅，但還是接受了。又過了幾天，老人提出只能給每人一元……這群小孩子非常生氣，說：「一元太少了吧，誰還會再來？」從此以後，他們再也不來了。

這群小孩子一開始沒有錢也玩得很開心，可是後來即使能拿到一元（至少比沒錢拿要好）都不來玩了，為什麼？因為老人先給每人十元，讓孩子們享受到了拿十元的快樂，接著又拿走其中的九元，雖然最後還剩了一元，但是被拿走九元導致的痛苦遠遠大於拿到一元所帶來的快樂。這位老人就是在利用人類最基本的損失趨避心理。

那麼，基於損失趨避心理，商家能如何調整自己的商業策略呢？

回到最開始的問題，家具商場另收二十元的配送費，觸發了消費者的損失趨避心理。負責人可以試著換一種做法，把配送費直接加到商品價格裡去，如果消費者能夠自己把家具運回家的話，商場可以再給他便宜二十元。

這兩種方法的表述儘管框架不同，本質卻是一樣的。但是因為損失趨避心理，消費者明顯對第二種方法的接受程度要高很多。

我們還能怎樣利用消費者的損失趨避心理呢？

假設還是那個家具商場，消費者買了家具以後，總是擔心家具壞了該怎麼辦。不管商場怎麼承諾品質，還是無法打消消費者的顧慮，因為他們害怕損失。所以，商場負責人可以換一種說法：我們的家具七天無條件退換。商場不用擔心會有很多人來退貨，其實若非家具本身的質量問題，退貨的人寥寥無幾。因為消費者一旦購買商品之後，退貨所換回來的現金是沒有辦法彌補損失這件商品所帶來的痛苦的。

再舉一個例子，假設一位消費者很喜歡商場的沙發，可就是下不了決心購買，最主要的原因就在於他家裡已經有沙發了，如果把家裡的沙發扔掉，那實在太浪費了。遇到消費者的這種損失趨避心理，商場不妨推出「沙發以舊換新」的促銷政策：把家裡的舊沙發拿過來，買新沙發時可以抵八百元。對消費者來說，這比直接把新沙發的價格降低八百元更有誘惑，因為它幫助消費者趨避了損失。

KEYPOINT

損失趨避

這是一種失去帶來的痛苦總是比等量的獲得帶來的快樂更加強烈的心理狀態。

利用損失趨避心理，可以：第一，用換購（以舊換新）的方法來替代打折；第二，用獲得的表述框架來替代損失的表述框架；第三，條件成熟的時候可以大膽推出「無條件退貨」，其實消費者一旦購買，就會非常害怕損失。

5 拉個墊背的，顯示你便宜——錨定效應

消費者並不是為商品的成本付費，而是為價值感付費。錨定效應的邏輯就是讓消費者有一個可對比的價值感知。

有兩款淨水器，一款一千三百九十九元，一款兩千兩百八十八元。商家很想推薦兩千兩百八十八元的淨水器給客戶，可是發現大多數人都會買便宜的。為什麼會這樣？怎麼做才能讓客戶選擇兩千兩百八十八元那款呢？

有人可能會覺得：這很簡單，講清楚兩千兩百八十八元的淨水器好在哪裡不就行了嗎？可是，一個商品有多好，這個所謂的「好」值多少錢，其實很難從理性的角度判斷。從理性的角度來說，消費者如果知道商品的合理成本、合理利潤以及市場上同類商品的價格，也許就能做出一個理性的價格判斷。但是，**面對大量的商品，消費者是很難找到一個所謂的「合理價格」的，因為合理價格不是由成本決定的，而是由消費者對商品的價格感知決定的。**所以，如果商家想要推薦兩千兩

百八十八元的商品，就必須讓消費者感知到它相對於別的商品具有超高的價值。如何來做，這就需要用到一個重要的商業邏輯，叫作「錨定效應」。

有一次，我出差住飯店，打開筆記本電腦想要上網，發現飯店提供了兩種網路的付費方案：一種是八十元一小時，另一種是一百〇五元一整天。當時我就想：八十元一小時，兩小時就是一百六十元，而一百〇五元卻可以用一整天，那多划算呀！於是我毫不猶豫的選擇了一百〇五元的付費方案。剛付完錢，我就意識到自己中計了！因為我用不了那麼久，只是上網收個郵件而已。其實，這八十元存在的唯一價值就是讓我覺得那一百〇五元非常划算。八十元，就是所謂的「錨定效應」。

錨定效應，是在一九九二年由一個叫特沃斯基（Amos Nathan Tversky）的人提出的。他認為，當消費者對商品價格不確定的時候，會用兩個非常重要的原則來判斷商品價格是否合適。

第一個原則叫作「避免極端」。如果消費者發現一個商品有三種選擇：最低的版本功能有限，但是價格最便宜；最高的版本各方面都很極致，但是價格非常貴；在這兩種選擇之外，還有一種中間選擇。這種情況下，大部分人都不會選擇最低的和最高的，而是選擇中間的。這種情況，我們就稱為「避免極端」。對企業來說，為了讓消費者買推薦的商品，通常不會把這個商品放在最左邊和最右邊的極端位置，而是放在中間，這樣消費者選中它的機率就會更大。

第二個原則叫作「權衡對比」。當消費者無法判斷一個商品是貴還是便宜時，他就會找一些自認為同類或差不多的商品來做對比，讓自己有一個衡量的標準。這種情況，我們稱為「權衡對比」。

首先，針對避免極端這個原則，我們該如何運用它，讓消費者去購買我們希望其購買的商品呢？

回到最開始那款兩千兩百八十八元的淨水器。如果商家特別想賣這一款，就應該避免極端。最簡單的辦法是讓產品部門再生產一款四千三百九十九元的淨水器——在外面鑲金邊，或者增加一些輔助功能，然後把這三款商品放在一起賣。這時就會發現，以前只有一千三百九十九元和兩千兩百八十八元這兩個款式的時候，大家都買便宜的，兩千兩百八十八元的可能根本賣不出去；而當多出一個四千三百九十九元的款式時，中間價格的兩千兩百八十八元這款就賣得比以前好很多。

其次，我們又該如何利用權衡對比的邏輯來銷售商品，或者設計解決方案呢？

比如有一款體檢產品的價格是六百元，商家可以採用這樣的廣告詞：您願意每年花六千元來保養汽車，為什麼不願意花六百元來保養自己呢？這句廣告詞或許會打動很多人，讓他們覺得確實有道理，「我花六千元保養汽車，難道人還不如汽車嗎？」消費者一旦形成這種權衡對比，那六百元的體檢產品的價值感就會非常明顯。很多時候，商家並不需要宣傳商品本身的性能，只需要找一個價值感、性價比不如該商品的東西來做對比，該商品的優勢立刻就能凸顯出來。

KEYPOINT

錨定效應

運用錨定效應來引導購買的兩個原則：第一，避免極端。在有三個或者更多選擇的時候，很多人不會選擇最低和最高的，而是更傾向於選擇中間的那個商品。第二，權衡對比。當消費者無從判斷價值高低的時候，他會選擇用同類商品做對比，讓自己有一個可衡量的標準。

筆記時間

第二章

行為經濟學

抓住老鼠的就是好貓嗎——**結果偏見**

為什麼我們會喜新厭舊——**適應性偏見**

為什麼媽媽們喜歡在朋友圈曬娃——**雞蛋理論**

全世界一半的小孩都醜到了平均水平以下——**主觀機率**

不買最好，只買最貴——**范伯倫效應**

1 抓住老鼠的就是好貓嗎——結果偏見

不能有「不管黑貓白貓，抓住老鼠就是好貓」的心理，因為有時候瞎貓也會碰到死耗子。

經典的經濟學有兩個基本的假設：第一就是資訊總體是對稱的，也就是說，你知道的，我大概也會知道；第二就是人總體是理性的，他總是能夠做出對自己最有利的選擇。

可是行為經濟學的研究卻告訴我們：其實，人在很多情況下並不真的那麼理性。有一種非理性的行為叫作「結果偏見」。

假設某銷售經理在公司掌管一個銷售團隊，到了月底，他拿著月度銷售報表一看，嚇了一跳：一個看起來自由散漫、不大可能出業績的員工，這個月居然做得非常好。經理不敢相信，認真的檢查了好幾遍數據，發現該員工這個月的業績確實遙遙領先，而另一個很有打法、業績也一直很穩定的銷售員，這個月的業績卻令人失望。

對經理來說，這兩個員工的績效獎金該發多少就發多少，不是問題。但他還面臨一個特別重要的決定：這個月的優秀員工獎該發給誰呢？

有人可能會說：當然是發給業績最好的員工了，不但要給他發獎，還要請他跟全體員工分享自己是怎麼做到這麼好的業績，讓所有人都學習他的成功經驗。

如果經理真的這麼做，他就犯了一個很可怕的錯誤，叫作「結果偏見」。結果偏見，指的是我們看到一個人獲得了成功，就立刻認為他的所有行為都是正確的、有道理的。可是，成功者就真的有經驗嗎？有沒有可能，他自認為的經驗，恰恰是導致他沒有獲得更大成功的絆腳石呢？

後來，經理做了調查，發現這個月業績突飛猛進的員工其實是選擇了一種非常危險的打法，獲得成功的機率只有百分之二十。而業績不佳的另一個員工呢，他選擇的是一種聰明的打法，有百分之八十的機率獲得巨大的成功。這麼一來，如果經理號召所有人都向前者學習，就相當於號召所有人都把未來的業績押在小機率事件上，這會把整個公司置於非常危險的境地。

成功是由努力和運氣共同決定的。正確的做法應該是克服結果偏見，分清楚哪些成功是靠努力得來的，哪些是僅憑運氣。不能有「不管黑貓白貓，抓住老鼠就是好貓」

的心理，因為有時候瞎貓也會碰到死耗子。然而，瞎貓一輩子能碰到幾回死耗子呢？

有一份調查顯示，百分之六十一的企業會在創立五年左右退出市場，百分之七十九的企業會在創立十年左右以失敗告終。失敗企業的數量要遠遠多於成功企業的數量。**這種可怕的結果偏見，會讓我們從正確的結果推出錯誤的原因，又因為堅信並且執行這個錯誤的原因，從而滑向失敗的深淵。**結果偏見，讓很多企業最終死於錯誤的歸因加上正確的執行。

在商業世界裡，結果偏見的例子隨處可見。當某家公司如日中天的時候，我們會覺得它做什麼都是對的，它的每一個員工都值得稱讚，他們在任何公開場合分享的觀點都值得仔細研究，什麼「招聘的七大法則」、「開發軟體的六大工序」、「對未來世界的四個判斷」……在結果偏見的心態下，你可能會覺得醍醐灌頂，最後死在這種因果錯亂的學習當中。

既然非理性的結果偏見如此可怕，我們應該如何避免這種心態呢？

第一，要在歸納法之後加上演繹法。從結果推導出原因的過程叫作「歸納」，不管是成功者自己歸納，還是別人幫他歸納，得出原因後一定要再做一件事情，就是從這個原因再推導，看是不是真的能推導出成功的結果。比如，很多人都說谷歌

（Google）之所以成功，是因為招到了最優秀的人才，我們在接受這個原因之前，不妨推導試試，在谷歌剛剛創立、並不被看好的時候，真的有那麼多優秀的員工加盟谷歌嗎？再比如早期的阿里巴巴，有些人甚至覺得電商都是騙子，公司去哪裡招最優秀的人才呢？可能恰恰是那些被外部認為並不怎麼優秀的人創造了成功，才吸引了很多優秀的人才陸續加盟。

第二，用三個問題來武裝自己。

「這個結果，真的有人為可控的原因存在嗎？」

「這個分享的人，真的知道人為可控的原因是什麼嗎？」

「他如此引以為豪的，有沒有可能恰恰是寶玉上的瑕疵呢？」

KEYPOINT

結果偏見

我們看到一個人獲得了成功，就立刻認為他的所有行為都是正確的、有道理的。這種非理性的結果偏見，會讓我們從正確的結果推出錯誤的原因，又因為堅信並且執行這個錯誤的原因，滑向失敗的深淵。避免結果偏見有兩個方法：歸納之後再演繹和學前三問。

2 為什麼我們會喜新厭舊——適應性偏見

薪資是用來支付給責任的，責任愈大，薪資愈高。漲薪資，是因為承擔了更大的責任。發獎金，才應該用來獎勵突出的業績。

有一個員工，最近幾個月表現非常出色，帶領團隊刻苦攻關，拿下了一個大單，為公司創造了不菲的利潤。而且，他的工作方法也很值得向其他員工推薦。這個時候，公司準備好好獎勵這個員工，可是怎麼獎勵好呢：是加薪，還是發獎金？

這是一個常見的公司場景。有人可能覺得應該加薪，代表公司對員工的認可。但是公司領導需要斟酌，這種情況下，加薪並不是最適合的方式。

為什麼呢？我們從這個員工的角度來看，如果加薪了，他一定很開心，決定要為公司做牛做馬。然後，他開始規劃了：這筆錢是交給老婆的，那筆錢是交給父母的，還有一筆是貸款買車之後每月用來還貸的……很快，漲的薪資就被分配完了。這樣一個月過去了，兩個月過去了，到第三個月的時候，新的消費方式已經變成了習慣，加薪的激勵作用就完全消失了。

注意，加薪這種方式不是前面所講的「損失趨避」，公司並沒有這個月漲，下個月又降回去，員工依然會持續獲得薪資。但是，三個月後，他獲得薪資的快樂已經沒有了。所以，加薪只能讓一個員工快樂三個月。

這是因為人的非理性（行為經濟學上稱之為「適應性偏見」），即隨著時間推移，一個人對任何一件事都會慢慢習慣。好東西用久了，會習慣；壞東西用久了，也會習慣。正如西漢的劉向所說：「入芝蘭之室，久而不聞其香；入鮑魚之肆，久而不聞其臭。」其實就是我們常說的「習以為常」。

那麼，正確的做法是什麼呢？

正確的做法是為突出的業績發獎金。薪資這種每月定時就會有、長久等量的東西，很容易產生適應性偏見。所以，**薪資從來都不應該作為一種激勵手段**。薪資是用來支付給責任的，責任愈大，薪資愈高。加薪，是因為承擔了更大的責任。發獎金，才應該用來獎勵突出的業績。

適應性偏見無處不在。比如新房子、新車，也許剛買回來的時候，每天都很開心，沉浸在幸福之中，但時間一久就沒感覺了。再比如很多人買了新手機、新電腦，不小心磕碰了一下都會心疼半天，用久之後就算摔到地上也沒什麼反應了，撿起來擦一擦，繼續用。

在商業世界和日常生活中，應用適應性偏見有「一個心法」和「三個方法」。

一個心法是：打破別人和自己的適應性。

三個方法是：延長幸福感、意外幸福感和對比幸福感。

第一，延長幸福感。拿到年終獎金之後，你是一次性把購物車裡的所有東西都買了呢，還是一件一件的買？顯然，買完一件，充分享受直到適應之後，再買第二件，幸福感會更持久。同樣的道理用在顧客身上也是一樣，一套沙發買回家，再舒適，他也會很快適應沙發的存在。如果商家能夠每季度給顧客寄送一套應季色調的靠枕布套，儘管成本很低，也會給顧客帶來一種似乎整個家都重新裝修了一遍的幸福感。

第二，意外幸福感。比如年底的紅包應該怎麼發，對財務來說，最簡單的辦法是把紅包獎金直接加到薪資裡，扣完稅後一起匯到員工薪資中。但是，薪資每個月都發，員工早就適應了，一點新鮮感都沒有。所以，更好的做法是拿著真正的紅包送到員工手上，並附上年底祝福和肯定的話語，這樣，員工的感知會更大，因為這是意外之喜。對顧客也是一樣，商家可以多給顧客一些「偶然和不可預測的激勵」。

第三，對比幸福感。比如360安全軟體，一開機就會提示「你的開機速度打敗了全國百分之九十二的電腦」。自豪！幸福！新浪推出的加V制度、達人制度等，也都是為了增加會員的對比幸福感。與此相同的，還有騰訊的會員等級制度、勳章制度，讓忠誠的用戶通過對比產生幸福感。這種因對比而產生的幸福感是動態波動的，永遠不會被「適應」。

KEYPOINT

適應性偏見

人們對好的、壞的環境，最終都能適應。我們羨慕有錢人奢華的生活，但有錢人並不一定因奢華而感到幸福。所以，只有得到的那一瞬間才快樂，失去的那一瞬間才痛苦。之後，終會適應。運用適應性偏見這種強大的行為心理，可以：第一，階段性的給予，延長用戶的幸福感；第二，不斷提供變化的刺激，給用戶意外的幸福感；第三，善用相互比較，讓用戶獲得對比帶來的幸福感。

3 為什麼媽媽們喜歡在朋友圈曬娃——雞蛋理論

想辦法讓用戶參與到產品的設計中，甚至付出一些勞動，會有效促進產品銷售。

很多朋友都知道我喜歡吃小龍蝦。有一次，我沒忍住饞，在網上訂購了幾盒朋友推薦的小龍蝦蝦球。本以為放在微波爐裡熱一下就行了，沒想到，這家的小龍蝦叫「啤酒麻辣小龍蝦」，給出的建議吃法是：買一罐啤酒，把小龍蝦蝦球加熱後，再倒入啤酒，翻炒出鍋。我真的照做了，不知為什麼，居然特別好吃，秒殺全國各地的大飯店。

真的是因為這個小龍蝦特別好吃嗎？當然，這是基礎。但是，我的感覺背後，其實還有一個行為經濟學原理在起作用——雞蛋理論。

二十世紀五〇年代，某家食品公司發現，他們的蛋糕粉一直賣不好。研發人員不停的改進配方，用戶就是不買帳。這個問題難倒了食品公司。最終，美國心理學家歐內斯特・迪希特（Ernest Dichter）發現，蛋糕粉滯銷的真正原因是：這種預製蛋糕粉的配方配得太齊了，家庭主婦們失去了「親手做」的感覺。於是，歐內斯特提出把蛋糕粉裡的蛋黃去掉，這個想法被稱作「雞蛋理論」。雖然增加了烘焙難度，但是家庭主婦們覺得，這樣做出來的蛋糕才算是「我親手做的」。蛋糕粉的銷量也獲得了快速增長。

後來，一位叫珊卓拉・李（Sandra Lee）的美國食品推銷明星根據雞蛋理論，提出了「70／30法則」。就是說，如果使用百分之七十的成品（比如蛋糕粉）和百分之三十的個人添加物（比如雞蛋），就能用最少的勞動，把工業化的「食品」變成個性化的「美食」。

雞蛋理論，其實源於消費者的一種行為特徵：**當我們對一個物品付出的勞動或者情感愈多，就愈容易高估該物品的價值。**

還有人專門為這種「高估自己勞動價值」的行為做過實驗。研究者找到一組摺紙大師和兩組非專業人士，要求他們按照複雜而詳細的步驟摺青蛙和紙鶴。摺完後，請他們對作品估價。研究發現，人們對摺紙大師的作品平均估價二十七美分，對自己創作的作品平均估價二十三美分，而對另一組非專業人士的平均估價只有五美分。也就是說，我們總覺得自己做的東西更值錢。

為什麼會這樣？美國行為經濟學家丹・艾瑞利（Dan Ariely）認為，這是因為人們對某一事物付出的努力不僅給事物本身帶來了變化，也改變了自己對這一事物的評價，付出的勞動愈多，產生的依戀就愈深。

這種現象，同樣出現在宜家（IKEA）身上。人們熱衷於購買宜家的半成品家具，回家自己組裝。所以，雞蛋理論也被很多人稱為「宜家效應」。

那麼，我們應該如何運用這一理論或效應呢？下面介紹兩個方法。

第一，讓用戶有參與感。

談到參與感，很多人立刻想到了小米。是的，小米確實是一個經典的案例：讓早期用戶參與它的手機操作系統MIUI的功能和體驗設計，獲得一批忠實的種子用戶，讓他們成為擴散的起點。

另一個案例是蘋果的iPad。蘋果公司提供一項免費服務——雷射鐫刻，消費者可以自己構思和創作一段文字，由蘋果公司進行雷射鐫刻後發貨，增加消費者的參與感。

許多廠商，例如一些鞋廠，也推出了鞋子的訂做服務，消費者可以自由選擇鞋帶的粗細、顏色，以及是否要鑲上美麗的水鑽。還有些拉麵店、比薩店允許消費者自由選擇食材與配料。

第二，讓用戶付出勞動。

勞動，比參與感要更加重要一些。浙江有一個烘焙零售業的民營企業老闆，開了幾百家連鎖店，他的店裡有一個巨大的操作台、一排椅子。這個老闆說，顧客可以在這裡動手製作蛋糕，然後再花錢買走自己的作品。據說這項DIY（自己動手製作）業務的毛利頗高，比店面賣成品蛋糕更高。其實，就算沒有操作間，也有更簡單的方法，比如在蛋糕裡放一卷奶油，讓用戶可以自己動手在蛋糕上寫「生日快樂」四個字。

還有一些農家樂，讓顧客釣魚，釣上來的魚再以四十八元一斤賣給顧客。儘管價格比市場貴很多，但是很多消費者不但樂於付錢，還會覺得自己釣上來的魚就是好吃。據說有些魚塘甚至安排工作人員潛在水裡，不斷往消費者的魚鉤上掛魚。

為什麼媽媽們都喜歡在朋友圈曬娃？也是這個原因，媽媽們都覺得自己的小孩最可愛（至少也是全世界最可愛的小孩之一），而其他人未必有同感。當然，小孩是很可愛，但更重要的是因為媽媽們參與了生小孩這個勞動過程。

KEYPOINT

雞蛋理論

也叫「宜家效應」，是指人們在一件物品上投入的勞動或者情感愈多，就愈容易高估它的價值。運用這套理論最簡單的方法就是：第一，讓用戶有參與感，比如投票、選擇、搭配等；第二，讓用戶付出勞動，把百分之三十的工作留給用戶自己做，這個商品就能在用戶心中價值倍增。

4 全世界一半的小孩都醜到了平均水平以下——主觀機率

事實上，人們的直覺和客觀機率常常是不相符的。不要太依靠主觀判斷，我們很容易陷入以偏概全，眼見為實和先入為主的機率偏見當中。

某人參加一檔電視節目，很幸運的獲得了上台抽獎的機會。舞台上升起A、B、C三扇道具門，其中一扇門後面是一輛最新款的特斯拉，只要猜對，他就可以直接把車開走。

全場沸騰了。選任何一扇門，猜中的機率都是三分之一。他猶豫了一下，選了B。這時，主持人打開了另外兩扇門中的一扇，是空的。只剩下兩扇門了，特斯拉必然在其中一扇門之後。主持人問：「我再額外送你一次改變的機會，你是堅持選B呢，還是選另外一扇門？」

根據統計，在這種情況下，大部分人會選擇堅持。理由是：現在不管選哪一扇門，猜中的機率都是百分之五十，既然機率一樣，我還是相信直覺，堅持自己的第一選擇吧。

恭喜大部分人——你們都錯了！正確的答案是：換。從B換成另一扇門，猜中的機率會提高一倍。很多人一定覺得很驚訝：為什麼？這和直覺不符啊！事實上，人們的直覺和客觀機率常常是不相符的。行為經濟學家把人們自以為的機率稱為「主觀機率」，而主觀機率和客觀機率不吻合的現象，叫作「機率偏見」。

這個機率偏見，在生活中無處不在。

比如我提一個問題：假設一共有一百件家事，你平常做了多少件？請認真算一算，然後不帶任何感情色彩的寫下來。按一家兩口人算，總共一百件家事的話，丈夫和妻子幹活的總數加起來應該不超過一百件。但是調查發現，夫妻雙方的答案加在一起，結果通常會遠大於一百件。

如果你去問一個喜歡在朋友圈曬娃的媽媽，她覺得自己的孩子有多可愛，相信百分之八十以上的媽媽都會認為自己的小孩是全世界最可愛的。但是，統計學告訴我們，如果「可愛」有衡量標準的話，其實全世界有一半的小孩都醜到了平均水平以下。

由此可見，**大多數人對比例和機率的感覺都是有問題的。**

為什麼會這樣呢？

諾貝爾經濟學獎得主、行為經濟學家丹尼爾·康納曼（Daniel Kahneman）認為，這種偏見主要來自三個原因。

第一，代表性偏差。這個很拗口的名詞說通俗點就是——以偏概全。比如，你曾經被一個河南人騙過，你發現身邊幾個人也有同樣的經歷，可能就會覺得河南人都是騙子。這是非常可怕的代表性偏差。或者你發現自己的幾個好朋友都是雙魚座的，於是產生了「我和雙魚座比較合得來」的感覺。這也許無傷大雅，但也是以偏概全。可假如你因為在賭場連贏了三把，就覺得自己今天運氣真好而堅持玩下去，那麼代表性偏差就會請出真實的機率來狠狠教訓你一頓。

第二，可得性偏差。這個名詞也很拗口，我把它稱為「眼見為實」。比如，一輛汽車在你身邊撞車，車毀人亡，那麼發生車禍的機率在你心中就會提高。媒體近期關於某家上市公司的報導比較多，它的股票成為熱門股票，大家就會覺得它大漲的機率很高。飛機失事引起關注，接二連三的新聞報導會使人覺得乘坐飛機很危險，但事實上，從每公里死亡率來看，飛機比汽車安全二十二倍。

第三，錨定效應。我稱之為「先入為主」，也就是說，第一印象會影響我們對一些人的喜好判斷，以及對一些事的好壞判斷。這些判斷很可能不易撼動，讓我們脫離現實。比如一個女孩的第一個男朋友品行不端，她也許就會認為「男人沒一個好東西」。

理解了這三大機率偏見之後，我們該如何繞過認知偏差，讓主觀機率和客觀機率更接近，從而做出正確的商業決策呢？給大家兩個建議：

第一，學好數學。數學真的很重要，尤其是機率與統計。對於有辦法驗證客觀機率的問題，要求助於數學，不要依靠主觀判斷。

第二，對於沒有辦法驗證客觀機率的問題，也不要過於相信自己的主觀直覺。諮詢專業顧問，或者傾聽身邊更多朋友的建議，用他們的人生經歷對沖你的先入為主。

KEYPOINT

主觀機率

人們的直覺和客觀機率常常是不相符的。行為經濟學家把人們自以為的機率稱為「主觀機率」，而主觀機率和客觀機率不吻合的現象，叫作「機率偏見」。

5 不買最好，只買最貴——范伯倫效應

有時候，消費者購買某些產品，是為了獲得心理滿足。如果商家能做到讓消費者恰到好處的炫耀、不露聲色的「裝」，那麼商品賣得愈貴，愈有人買。

一家中高端服裝連鎖品牌的老闆經營了很久，但衣服銷量一直不慍不火。他打算重新定位產品，這時有兩個選擇：第一，全線降價，把定位拉低一點，通過調整「價量之秤」的天平，用低價格帶動高銷量；第二，逆向漲價，反正賣得不多，不如多賺一點是一點。

有人也許會說：以現在的價格都賣不好，再漲價，不就更賣不出去了嗎？當然是降價了！

果真如此嗎？有沒有可能愈漲價反而賣得愈好呢？

在「價量之秤」上，有一種神奇現象：在某些特殊情況下，商品愈貴，反而賣得愈好。這種現象就叫作「范伯倫效應」。

我們來看一個故事。

一位商學院老師為了啟發學生，給了學生一塊美麗的石頭，叫他拿去菜市場賣，看看能賣多少錢。菜市場的顧客看著這塊漂亮的石頭，想著可以給孩子玩，還能當秤砣，願意出幾元買下。於是學生回來告訴老師：石頭最多只能賣幾元。老師讓他再拿到黃金市場試試。從黃金市場回來，學生很高興：有人居然願意出一千元買。老師又讓他拿到珠寶市場賣，沒想到，這回有人開出了五萬元的價碼，甚至還有開價更高的。

這個故事當然是虛構的，但它試圖說明一個道理：**商品的價格可能差異很大，關鍵是看賣給了誰，滿足了什麼需求**。有些商品是專門滿足消費者的特殊需求的，比如炫耀需求。炫耀需求的神奇之處就在於——東西愈貴，愈值得炫耀，就能賣得愈好。

一八九九年，美國經濟學家范伯倫在其著作《有閒階級論》中提出「炫耀性消費」。他說，消費者購買某些商品的目的，並不僅僅是為了獲得直接的物質滿足和享受，更大程度上是為了獲得心理上的滿足。這就出現了一種奇特的經濟現象，即一些商品的價格訂得愈高，就愈能受到消費者的青睞。這種現象被稱為「范伯倫效應」。

回到開頭那家服裝店的問題上來。老闆也許可以大膽的做個風險嘗試：把店鋪重新裝修一番，愈奢華愈好，賦予產品一個神奇的品牌故事，然後在價格標籤上直接加兩個零，這麼做也許會收到意想不到的熱賣效果。

炫耀性消費，是感性消費的一種。今天我們不從道德或倫理的角度來評判它的好壞，只把它當成一種純粹的心理需求。正是這種需求，讓消費者的消費觀念從理性購買過渡到感性購買。經濟愈發達的地區，消費者的經濟條件愈好，范伯倫效應就愈有可能被有效的轉化為提高市場份額的行銷策略。

這個范伯倫效應或許會讓很多人感到激動：原來如此，賣得愈貴，賣得愈好！那我也把自己的商品標價改得貴一些，生意不就好做了嗎？當然沒有那麼簡單。

說到運用范伯倫效應，我給大家幾個建議。

第一，貴不是目的，炫耀才是。貴，但不能炫耀，是不會有人買的。所以，貴的商品必須做到讓外人一看就知道它很貴。路易威登（LV）的包如果沒有路易威登圖案，博柏利（Burberry）的圍巾如果不是米黃色方格條紋，銷量就會減少很多。少了這些經典標誌，別人怎麼知道我買了名牌呢？iPhone 6s 上市了，必須買玫瑰金啊，不然別人會以為我用的還是 iPhone 6 呢！

第二，窮人也有炫耀需求。這種需求有另外一個名字——「裝」，這是一種剛需[3]，一種就算沒有錢，也要展示自己優越感的強烈需求。比如網上鋪天蓋地的美圖，大家都知道是用修圖軟體修飾過的，但有人就是裝作不知道。一到年底，朋友圈裡就會有人晒書單，但實際上，中國百分之四十二的成年人一年都看不完一本書。遇到「裝」的消費者，商家千萬記住：幫助他「裝」，不要揭穿。

第三，醫生甚至可以用范伯倫效應治病。曾經有研究者對十二名帕金森氏症患者進行實驗，把患者分成兩組，分別用兩種藥，一種一針一千五百美元，一種一針一百美元。但其實，這兩種藥都是生理食鹽水，都是安慰劑。實驗結果顯示，使用「貴藥」的患者病情改善情況要比使用「便宜藥」的患者高百分之九至十。人們喜歡「貴」的心理甚至能治病。

KEYPOINT

范伯倫效應

這是一種因為「炫耀性消費」心理導致的特殊現象：東西愈貴愈好賣。運用范伯倫效應時要注意，貴不是目的，能讓消費者恰到好處的炫耀、不露聲色的「裝」，才是核心。商家做到了這一點，商品就能愈貴愈有人買。

3 剛性（硬性）需求：相對於彈性需求，是必須的、基本的需求，在商品供應關係中受價格影響較小。

筆記時間

第三章

個體經濟學

看見那隻「看不見的手」——**供需理論**

為什麼美國麥當勞的可樂能免費續杯——**邊際效益**

你到底是賺了，還是賠了——**機會成本**

自私是共同獲益的原動力——**誘因相容**

企業的邊界在哪裡——**交易成本**

1 看見那隻「看不見的手」——供需理論

坐下來想一想：你到底擁有什麼稀少性的東西，可以提供給消費者。比功能更稀少的，是體驗；比體驗更稀少的，是個性化。

個體經濟學，是經濟學中最重要的領域之一，而「供需理論」，又是個體經濟學中最核心的概念。這個概念重要到什麼程度呢？著名經濟學家薩繆森（Paul Anthony Samuelson）曾說：你只要教會一隻鸚鵡說「供給」和「需求」，牠就能成為經濟學家。

舉個例子，法國皇帝拿破崙有不少趣事和傳說，其中一件說的是他宴請客人時，客人的餐具幾乎全是銀製的，唯有他自己用一個鋁碗。也許有人會覺得：拿破崙貴為皇帝，讓客人用銀器，自己用鋁碗，多麼謙卑啊！但事實卻是：在兩百年前的拿破崙時代，冶煉金銀已經有很長的歷史，銀器在宮廷中比比皆是，而當時人們才剛剛學會從鋁礬土中提煉鋁，技術非常落後，所以鋁碗非常罕見。拿破崙用鋁碗，其實是為了顯示自己的尊貴。

「尊貴」的「貴」字，有時並不是因為這個東西真有價值，而是因為供需關係中的供給稀少，這就是所謂的「物以稀為貴」。稀有之物會永遠稀少嗎？如果這個稀少是由自然資源決定的，就有可能一直供不應求，比如黃金。也正因為如此，黃金能夠成為貨幣。但如果這個稀少是可以用科技解決的，可以因資訊對稱得到彌補，那麼就會刺激大量的供給方加入，直到供需平衡，價格回落。

供需理論是一個經濟學模型，指的是在競爭性市場中，供給和需求的相對稀少性，決定了商品的價格和產量。這種供需關係通過價格和競爭自我調節的現象，就是亞當·斯密（Adam Smith）在《國富論》裡所說的著名的「看不見的手」。

網上曾流行一篇文章叫〈淘寶不死，中國不富〉，大意是說，淘寶讓商家進行非常慘烈的比價，把所有商品的價格壓得非常低，商家都賺不到錢，所以，淘寶要是不倒閉，中國就富不起來。但是，如果我們理解供需理論，並看見了那隻「看不見的手」，就會明白：**中國很多企業賺不到錢，不是因為淘寶，而是因為供需關係。**

我們的商業存在一個問題：只要有人生產某種商品賺了錢，全中國的同行，甚至外行，都會一擁而上，以迅雷不及掩耳之勢進行模仿，導致到處都是一模一樣的山寨品。供給極大增加，遠超出有效需求，從而導致價格迅速下跌。

在過去，市場那隻「看不見的手」忙不過來，調節的效果比較慢。淘寶接過棒，設置了一個「價格排序」的按鈕，幫助市場之手提高「幹掉」過度產能的效率。後來，天貓、京東、1號店等也來幫忙。所以，中國企業賺不到錢，不是因為淘寶——淘寶只是提高了市場自我調節的效率，而是因為供給側太同質化，產能嚴重過剩。這也是為什麼國家要把「去產能，去庫存」的供給側改革作為重要發展戰略。

供給少，會導致價格上升；價格上升，會導致需求下降和供給攀升；供給多了，又會導致價格下降、需求上升、供給減少……如此往復，最終達到平衡。

那麼，我們要如何順應這隻「看不見的手」，去調節自己的商業策略呢？

比如一個微信公眾號的運營者，除了苦苦寫文章，盯著訂閱量一個兩個的增長之外，還要思考一下自己供給的是不是稀少性內容。微信公眾號剛開始興起時，完全沒有內容供給者，那個時候只要隨便發幾篇「冷笑話精選」都算是稀少資源，所以能獲得海量粉絲和可觀收益。這種可觀收益刺激了很多人加入，微信現在已有兩千萬個公眾號，需求被充分滿足，每一個公眾號的打開率急遽下降。如果今天再去運營微信公眾號，就不是和「荒蕪」競爭，而是和「充沛」競爭了。面對無數同質甚至盜版內容，「看不見的手」會把運營者往真正稀少的優質原創內容上調撥。

或者，有人不想在微信這個博奕遊戲裡疲於奔命，那麼請坐下來想一想，自己到底擁有什麼稀少資源，可以提供給消費者。比功能更稀少的，是體驗；比體驗更稀少的，是個性化。

比如，今天市場上稀少的不再是免費的商業知識了，網上有太多。大家稀少的，反而是把這些知識內化的時間。《劉潤．5分鐘商學院》就提供了這種稀少的能力，幫大家用最少的時間，學到最有用的商業知識。

KEYPOINT

供需理論

這是個體經濟學中最核心的概念，指的是在競爭性市場中，供給和需求的相對稀少性，決定了商品的價格和產量。供給少，會導致價格上升；價格上升，會導致需求下降和供給攀升；供給多了，又會導致價格下降、需求上升、供給減少……如此往復，最終達到平衡。

2 為什麼美國麥當勞的可樂能免費續杯——邊際效益

水、陽光、空氣，這些生命中最有價值的東西，因為供給充沛，邊際效益幾乎為零，反而都是免費的。

有人告訴我，在美國的麥當勞，可樂是可以免費續杯的。不管買的是大杯還是小杯，喝完了可以無限次、無限量的加滿。

我第一次聽說這件事的時候，並不相信。我去過美國很多次，吃過不少麥當勞，怎麼會不知道呢？後來有一次再去美國，我專門到麥當勞驗證了一下，發現免費續杯的事情居然是真的。我非常驚訝，心想：這要是在中國，光是可樂，就能把店喝關門吧！我忍不住和麥當勞的店員聊了很久，問為什麼，他們也答不上來，只說這是規定。

後來，我專門做了一些研究，終於明白了，這件事可以用經濟學中一個非常重要的概念——邊際效益來解釋。

邊際效益，就是指每多消費一件商品，它給消費者帶來的額外滿足感。

比如，很多人可能都聽過「七個饅頭」的故事。一個人飢腸轆轆，走進一家饅頭店，求老闆給幾個饅頭吃。吃第一個饅頭時，這人覺得非常滿足；接著吃第二個，還是很不錯；吃到第四個、第五個的時候，饅頭帶來的額外滿足感就大大下降；直到吃第七個，饅頭已經不能帶來任何滿足感了。如果吃第十個呢？額外滿足感可能就為負了。

雖然這十個饅頭的生產成本都一樣，但給消費者帶來的滿足感卻完全不同。人對物品的欲望，會隨欲望的不斷滿足而遞減。如果物品數量無限，欲望可以得到完全滿足，欲望強度就會遞減為零，甚至為負。

最後一個饅頭給人帶來的額外滿足感，就是邊際效益。

美國的麥當勞提供免費續杯，其實就是在賭顧客還沒喝多少，可樂對他的邊際效益就已經降為零了。這時候，給他喝，他也不喝了。

那為什麼在中國就不能免費續杯呢？我猜，大概是因為美國人覺得可樂的含糖量太高，不健康，喝兩杯，邊際效益就為零了；而中國人缺乏這個意識，可能要喝上四五杯才罷休吧。

兩百多年前，亞當．斯密提出了一個問題：水對人類的價值巨大，沒有水，人類無法存活；而鑽石呢，沒有鑽石，人也不會死，那為什麼鑽石會比水貴呢？

這個問題困擾了人們很多年，直到邊際效益理論的提出。該理論解釋說，因為可供使用的水很多，一單位水帶來的邊際效益就微不足道；而可供購買的鑽石極少，它的邊際效益就很大了。**人們最終都是在為邊際效益付費**。所以，鑽石價格高，水的價格低，是合理的。這就是著名的「鑽石與水悖論」。

水、陽光、空氣，這些生命中最有價值的東西，因為供給充沛，邊際效益幾乎為零，反而都是免費的。

那麼，我們怎樣運用邊際效益的邏輯來提升商業策略呢？

比如，電信公司可以運用邊際效益來訂價：撥打國際長途，通話第一分鐘十元；第二分鐘一元；從第三分鐘開始，只要一角錢。本來很多人為了省錢，通常是三言兩語說完最重要的話就掛了。而對電信公司來說，每分鐘的通話成本都是一樣的，所以可以向這個「最重要的話」收取很貴的費用，而向後面邊際效益遞減的「廢話」收費便宜一點，鼓勵大家多聊一會兒，以獲得更多的收入。

再比如，顧客花一千元買了一件漂亮衣服，這個時候商家告訴他：第二件只要八百元。衣服的進貨價都一樣，為什麼第二件要便宜呢？因為第二件衣服對顧客的邊際效益已經大大降低，他可能不會為降低的邊際效益再付一千元了。所以，第二件衣服帶來的滿足感，在他心中就只值八百元。價格降低，利潤降低，但是商家做成了一單本來成不了的額外生意。

還有，一家電影院推出新的觀影規則：看第一場電影，票一百元；第二場，五十元；第三場，十元；第四場，免費看。本來大部分人一天只看一場電影，現在有可能看兩三場。至於免費的第四場，由於它帶給觀眾的邊際效益幾乎為零，甚至為負，所以就算免費，真正留下來看的人也會非常少。

KEYPOINT

邊際效益

邊際效益，指的是每多消費一件商品，它給消費者帶來的額外滿足感。這個額外滿足感會不斷下降。當欲望被充分滿足後，邊際效益為零，商品就會免費。

3 你到底是賺了，還是賠了——機會成本

每一項選擇都有機會成本。要懂得計算機會成本，比如時間成本、替代方案的投資收益等，然後通過權衡對比，做出理性決策。

如果我問：中國經濟哪一個行業最熱？我想大部分人都會回答：房地產。房地產這個行業有一個特性，就是一手房市場有准入[4]門檻，不是誰都能買地蓋房子，但二手房市場沒有，不但個人可以買房，企業也可以，交易活躍，市場發達。這些年，房地產不斷調控，但是房價愈調愈高。於是我們開始聽說很多令人咂舌的事情，比如很多企業苦苦經營多年，卻發現每年賺的錢相對於炒房來說，實在少得可憐，所以紛紛遣散員工，關廠買房。東莞有一個老闆說：我最不幸的是沒有早點關廠，沒有買更多房。

4 准入：准許進入行業、領域等。

我聽到過最讓人潸然淚下的創業故事是：十年前，一位創業者以八十萬元的總價賣掉自己深圳的房子去創業。經過幾年白手起家的努力後，公司開始走上正軌。老闆辛苦打拚，直到去年終於賺到四百多萬元。最後，他用這些錢做頭期款，把自己當初賣掉的那套房子又買了回來。

很多人說，房地產已經成為中國經濟的鴉片。為什麼這麼說？大家都能賺錢，不是挺好嗎？要理解這句話，首先要理解經濟學中的一個重要概念——機會成本。

機會成本，是指一個人因為做了某種選擇，而不得不因此失去的利益。

舉個例子，把一萬元存入餘額寶[5]，一年的收益大概是三百元。而如果把這一萬元拿去做別的投資，就意味著失去了能從餘額寶獲得的比較確定的收益，那麼這三百元，就是投資的「機會成本」。假如到了年底，你發現投資賺了兩百元，也許會覺得自己賺了，但相對於三百元的機會成本，其實是虧的。再假如國家發行了一種風險極低、年收益有百分之六的債券，也就是說，你用一萬元買債券，一年能賺

5　餘額寶：由中國第三方支付平台「支付寶」推出的資金管理服務，在存款轉入時同步購買貨幣基金，並且用戶可隨時將此基金作為消費支出。

六百元，那麼即使投資收益是五百元，相比之下，也是虧的。

所以，**到底是賺還是賠，不能僅僅看帳面收益，還要看機會成本**。

機會成本聽上去很簡單，但是在商業決策中極其重要。經濟學大師傅利曼（Milton Friedman）說過：你去吃飯，就算餐廳不收飯錢，你還是要付出代價的。比如你用吃飯的時間談成了一筆生意、去圖書館獲得新知，甚至偶遇未來的女朋友……這些可能性，都是這頓飯的機會成本。所以傅利曼說，天下沒有免費的午餐。

回到房地產的案例上來。如果炒房賺錢太容易了，兩年就可以投資翻倍，那麼每年百分之五十的投資收益率就成了其他行業的機會成本。相對於這個機會成本，中國絕大部分行業都在虧錢。所以，稍微理性一點的商人都會選擇關廠炒房。但是，如果整個中國經濟都躺在床上吸食房地產的鴉片，沒有人辦廠、創業，經濟最終會崩潰。

房地產有不少好處，但也有一個很大的罪狀，就是提高了整個中國經濟發展的機會成本。

我們先把房地產的問題放一邊，回到自己身上來。除了買房以外，還能怎麼運用這個商業邏輯呢？

賣貴重產品的商家，可以通過揭示便宜產品隱藏的機會成本來獲得客戶。比如賣昂貴西裝的商家，可以告訴客戶：如果貪圖便宜，穿著不講究的西裝，可能導致無法贏得客戶尊重而喪失生意機會。喪失的生意機會，就是買便宜西裝的機會成本。

對個人來說，時間是最大的機會成本。你不妨用自己的年收入除以一年的工作時間（大約兩千小時，按每天工作八小時、全年工作兩百五十天計算），看看自己每小時的機會成本是多少。一個年薪二十萬元的人，每小時的機會成本就是一百元。那麼，他在做一件事情之前，就要問問自己：花一小時做這件事情，值不值一百元？如果不值，大方的花錢請別人來做。付費，就是賺錢。

需要提醒的是，對機會成本的計算也不能盲目放大。比如，有的女孩覺得自己可以嫁入豪門，當她把嫁入豪門當作自己的機會成本時，就可能出現相親十幾年也無法把自己嫁出去的情況。

KEYPOINT

機會成本

如果選擇A，就必須放棄B的話，B就是A的機會成本。對企業來說，最優方案的機會成本，就是次優方案可能帶來的收益。善用機會成本，首先要知道天下沒有免費的午餐，每一項選擇都有機會成本；其次要懂得計算機會成本，比如時間成本、替代方案的投資收益等，然後通過權衡對比收益和包括機會成本在內的各項成本，做出理性的決策。

4 自私是共同獲益的原動力——誘因相容

承認人性的自私、讓核心團隊和企業共擔風險，用收益和風險共同激勵他們，讓「自私」而不是「集體主義精神」，成為大家共同獲益的原動力。

有一家服裝店生意不錯，老闆苦心經營了很久，打算開第二家分店。但是，老闆一個人管不過來兩家店，所以高薪聘請了一個很有經驗的人當分店店長。沒想到，分店開業不久，業績迅速下滑。老闆趕緊找店長談話，店長滔滔不絕的說了很多現實的困難，似乎確實很有道理，但是老闆總感覺有些不對：明明自己做的時候情況很好啊，店長也確實很有經驗，問題出在哪裡呢？

個體經濟學中，在討論機制設計時，有一個不得不談的重要邏輯——誘因相容。

擁有店面資產的，是所有者；擁有經營能力的，是經營者。這種「委託—代理」的結構，在商業世界中無處不在。比如民營企業中，公司股東大會委託董事會行使權力，董事會再委託管理層經營公司。而對國有企業來說，全國人民委託人民代表大會管理資產，人民代表大會再委託政府投資獲益，政府投資國有企業，委託管理層具體經營。

這種「委託—代理」機制有個重大的問題：**委託人覺得收益主要是投資回報，而代理人認為收益主要是勞動成果，雙方都覺得被對方占了便宜，導致委託人不願與代理人分享利潤，代理人也不願意為委託人盡心盡力。**這種現象又被稱為「代理問題」。

「棘輪效應」就是一種比較典型的代理問題現象。代理人嘔心瀝血經營，某年的業績特別好，但結果卻是委託人根據該年的業績，調高明年的業績預期。業績指標只漲不降，做得愈好愈麻煩，就像機械裝置中的棘輪，朝一個方向轉動，到位就被鎖住，然後繼續轉動。對理性的代理人來說，他的最優選擇是想盡一切辦法降低委託人對業績的預期，即使因此會損失市場機會。

之所以會出現代理問題的現象，是因為「委託—代理」機制在設計時，沒有做到「誘因相容」。

誘因相容，其實就是指私利與公利的一致。每個人都有自私的一面，如果有一種制度設計，讓員工愈自私，公司就愈賺錢，那麼這種制度就是「誘因相容」。

這種神奇的制度存在嗎？

舉個例子，我有個朋友，在廣州開了家公司，做傳統壓縮機、泳池熱泵等業務。為了企業發展，他成立了一家子公司，探索新業務。和服裝店老闆一樣，他也面臨誘因相容的問題：怎麼才能讓子公司負責人的私利和公司的利益真正一致呢？

他說，子公司一定不能用「薪資—獎金—分紅」的方式來激勵總經理，因為那都是共享收益，而不是共擔風險的方式。對一家初創公司來說，每天都有風險。如果誘因不相容，總經理就會無視創業風險。所以，總經理必須購買股份，成為股東。比如公司註冊資金一千萬元，那麼總經理就要自掏腰包一百萬元，買入新公司百分之十的股份。假如這個總經理很有能力，但沒有錢，可以送他股份嗎？千萬不能送，他即使借錢也必須買，如果送的話，就相當於他沒有承擔任何創業風險。

這麼一來，員工就被分為兩種：一種是「你讓我幹我就幹，不讓我幹我就不幹；讓我掏錢幹？我才不幹呢。」；另一種是「我的貢獻一直遠大於我的收入，我早就想分享整個公司的利潤了。」第二種人更適合領導子公司。

假設總經理買了百分之十的股份，核心管理團隊也要買百分之十五，加在一起就是百分之二十五。這時，母公司再出資五百萬元，占百分之五十。還有百分之二十五呢？請母公司的高階主管每人至少投資五萬元，總共兩百五十萬元。有的高階主管可能會想：子公司關我什麼事啊？不投可以嗎？不投可以，立刻開除。因為子公司以後一定有機會用到母公司的資源，不誘因相容，母公司就可能不幫忙，甚至使壞，所以必須投。就這樣，一千萬元湊齊了。

後來，我問子公司的總經理：「你當時為什麼會答應購買股份？」他說：「因為我有信心。我原來在母公司年薪七十萬元，現在自掏一百萬元成為子公司總經理後，就要自己給自己開年薪了。因為對未來有信心，我給自己開了五萬元的年薪。」這個總經理的所有利益，都「自私」的和子公司的長遠利益完全一致了，這就是誘因相容。

我的朋友用這種方式創辦了七家子公司，每家都在盈利。

對那家服裝店來說，也是一樣。老闆可以讓店長買分店股份，千萬別送。如果他不買，建議立刻考慮換人。用收益和風險共同激勵他，而不是老闆的苦口婆心。

KEYPOINT

誘因相容

每個人都有自私的一面，如果有一種制度設計，讓員工愈自私，公司就愈賺錢，那麼這種制度就是「誘因相容」。承認人性的自私，用正確的機制，讓「自私」，而不是「集體主義精神」，成為大家共同獲益的原動力。

5 企業的邊界在哪裡——交易成本

交易成本和管理成本的對比，決定了企業的邊界。企業必須找到自己做比市場做更高效的事情，構建核心競爭力；而把自己做得一般的，盡快扔回給市場。

快到年底了，一家公司的業績很不錯，又恰逢創立十週年，老闆想舉辦一場盛大的年會來慶祝一下。行政部的負責人反映：這麼大的活動，行政部人手不夠，想請人力資源部、財務部的二十多個同事一起參與，或者請外面的專業團隊來辦，行政部出幾個人協助就可以了。

這個時候，老闆會怎麼選擇呢？讓幾個部門的同事一起做，還是請外面的專業團隊來做，判斷的標準是什麼？是誰更加了解公司的風格，還是誰做事情的效率更高？

這個看似簡單的問題，其實涉及經濟學中一個重大的理論突破，即著名經濟學家高斯（Ronald Coase）提出的「交易成本」。高斯因此於一九九一年獲得諾貝爾經濟學獎。

交易成本，就是從自由市場上尋找、溝通、購買一項服務，為了使這個購買能夠實現，所付出的時間和貨幣成本。通常來說，包括搜尋成本、資訊成本、議價成本、決策成本、監督交易進行的成本等。

舉個例子，大家有沒有想過一個問題：為什麼亞馬遜（Amazon）用聯邦快遞（FedEx）作為自己的物流支撐，而京東要花巨大的成本來構建自己的物流體系？美國的物流體系已經非常發達了，可靠度也很高，亞馬遜可以放心的用相對低的價格購買到高品質的物流服務。因為體系成熟，所以交易成本很低。如果亞馬遜自己來做，首先不一定做得比聯邦快遞好，其次組織團隊的管理成本可能比從外部購買的交易成本更高。所以，亞馬遜選擇了公共物流體系，而不是自建。

那麼，京東呢？京東對物流的速度、品質要求非常高，想在中國市場上搜尋到符合條件的公共物流公司非常難。議價成本、決策成本，尤其是監督交易進行的成本會很高。自己組織團隊來做物流，雖然管理起來很麻煩，但成本還是比從外部購買的交易成本便宜，所以京東選擇自己來做。

回到最開始的案例。如果老闆發現，投入二十多人來辦一場年會的管理成本，高於請專業團隊來做的交易成本，就應該選擇後者。

高斯的交易成本理論，回答了經濟學家一直爭論的一個問題：企業的邊界在哪裡？企業應該做大還是做小？**高斯說，交易成本與管理成本的對比，決定了企業的邊界。交易成本愈低的事情，愈應該外部化；管理成本愈低的事情，愈應該內部化。**

這個理論可以指導很多商業決策。

比如，過去很多企業都僱有設計師，因為工作中偶爾有些小設計需求，找設計公司的話，人家可能不搭理。市場上也有一些接散活、價格便宜的設計師，但找個靠譜的很費勁。對企業來說，管理成本小於交易成本，所以內聘設計師就成為常態。

後來，有一家叫「豬八戒」的網站，用高效的手段把零散的設計師都聚集起來。企業一旦有偶發的小設計需求，上網找接散活又便宜的設計師就行了，交易成本大大下降。這麼一來，內聘設計師就顯得低效了。於是，設計師外包就成為現在很多企業的選擇趨勢。

再比如，過去很多企業的辦公室裡都擺著幾台伺服器——發郵件系統、辦公系統，甚至業務系統，除了出錢請人開發，還要僱一兩個技術人員管理維護。雲端運算出現後，企業電子信箱、公有雲、基於網路的辦公系統等服務快速發展，又便宜又方便。購買這些服務的交易成本，比維護自有系統的管理成本少得多。於是，雲端就成了趨勢。

這些年，網路、行動上網使交易成本極大降低。理解了企業邊界的邏輯後，我們很容易得出一個結論：**未來的企業，總體來說，規模一定是愈做愈小，而不是愈做愈大。小而強，保留自己最有效率的核心能力，是大趨勢。**

KEYPOINT

交易成本

交易成本就是完成一項交易，除合約價之外，為此額外付出的成本。經濟學家高斯認為，交易成本與管理成本的對比，決定了企業的邊界。根據高斯的邏輯，以及對交易成本會不斷降低的趨勢判斷，可以得出結論：總體來說，未來企業規模會愈來愈小。也就是網路人士所說的，未來會是「自由人的自由聯合體」。這是理想的極致情況，但趨勢是對的。

筆記時間

第四章

總體經濟學

人民愈節約，國家愈貧窮嗎——**節約悖論**

林毅夫和張維迎在辯論什麼——**看得見的手**

四億人不工作後，你打算怎麼辦——**人口撫養比**

用二十年的積蓄買幾朵鬱金香——**泡沫經濟**

你贊成給全國人民無條件發錢嗎——**再分配**

1 人民愈節約，國家愈貧窮嗎——節約悖論

你的消費，都是別人的收入。別人的收入，又會變成新的消費或者投資。GDP因此會愈滾愈大，這就是「乘數效應」。

總體經濟學領域的很多內容比較抽象、複雜，令人費解。有些內容是知識性的，有些僅僅是觀點，甚至還有些只能說是推測和猜想。所以，關於總體經濟學的爭論特別多，再厲害的專家都會被罵得狗血淋頭。有人把總體經濟學與個體經濟學的關係比作中醫和西醫，經濟學家許小年也曾直截了當的說：總體經濟學就是偽科學。這也提醒我們要以批判性的眼光看待總體經濟學，不能全部奉為真理。

在總體經濟學中，有一個有趣的概念：節約悖論。

著名經濟學家凱因斯（John Maynard Keynes）一九三六年在其著作《就業、利息和貨幣通論》裡提到了一則寓言：有一窩蜜蜂原本十分富有，每隻蜜蜂都整天大吃大喝。後來一個哲人教導他們不能揮霍浪費，應該節約。蜜蜂們覺得哲人的話很有道

理，於是貫徹落實。但結果出乎意料，整個蜂群從此迅速衰敗下去，一蹶不振。

愈節約，愈衰敗。凱因斯認為，人類社會也是一樣。

勤儉節約在很多國家都是傳統美德。節約，對個人來說，沒有問題；但對國家來說，則意味著消費減少。要知道，**我們的消費就是別人的收入，消費減少意味著企業收入減少**；企業收入減少，經營困難，就會削減產量，解僱工人；工人收入減少，甚至被解僱，就更不敢消費了，導致企業收入進一步減少；企業再減產、再裁員……如此往復。所以，愈節約，國家愈窮，形成「貧困循環」。

原來，愈節約愈窮，愈消費愈富。這就是節約悖論。

為什麼會出現節約悖論？在這裡，我們要講講總體經濟學中的一個重要概念——GDP（Gross Domestic Product）。

GDP即國內生產總值，是指在一段時間內，一個國家生產的全部產品和服務的總價值。它被公認為是衡量國家經濟狀況和財富的最佳指標。

那麼，怎麼來計算這個「總價值」呢？所有的價值，最終都體現在買賣上面。所以，通常計算GDP的方法，就是把四個買賣加起來：第一，消費，就是個人買了多少產品和服務；第二，政府採購，政府買了多少；第三，淨出口，就是出口減去進口，可以理解為外國人買了多少；第四，投資，企業買了多少，變成資產和庫存。

了解了GDP的四個組成，就不難理解為什麼凱因斯鼓勵個人消費了。你不花錢，別人怎麼賺錢？反過來說，別人不花錢，你怎麼賺錢？

而且，消費還有一個「乘數效應」。比如，某人花了一百元，別人就賺了一百元；別人拿其中的五十元消費，五十元投資擴大經營；這五十元消費和五十元投資再次變成GDP，又被其他人賺走、花掉……如此循環，GDP愈滾愈大，經濟也會愈來愈欣欣向榮。

但是，如果大家都變得節約起來，不消費了，結果就什麼都沒有了。所以，節約誤國。

當然，也有很多人對此表示強烈反對，對凱因斯的批評一直不絕於耳。有人認為凱因斯的觀點太狹隘，主張要動態的看問題：如果居民不消費，把錢都用於儲蓄，那麼儲蓄的錢也會被銀行用貸款的方式轉移到企業手裡，用於增加投資。投資也是GDP的一個部分，還順便解決了就業問題。

對此，「凱因斯們」又問了：企業拿到更多投資從事生產，但大家不是都節約嗎，沒人買產品怎麼辦呢？

反對者回答：沒人買，那是因為產品沒有真正滿足消費者的需求。鼓勵大家買不符合自己需求的東西，不管怎麼刺激消費、擴大內需，都是徒勞無功的。

「凱因斯們」接著問：那應該怎麼辦呢？

反對者說：要開發新的、好的產品，用產能升級來滿足消費升級。但是，開發新產品，產能升級，要有大量的投資支持，所以必須有大量居民儲蓄。從這個角度來講，節約不但不會讓國家變窮，反而還會促進經濟增長。從長期來看，它依然是一種值得提倡的美德。

「凱因斯們」一聽就不耐煩了：從長期來看？恐怕人們早就餓死了吧！

到底誰對誰錯？到今天為止，經濟學家們還在爭吵不休。不過，這也正是總體經濟學的神奇之處。

KEYPOINT

與「節約悖論」有關的總體經濟學概念

第一，GDP。GDP即國內生產總值，是指一段時間內，一個國家生產的全部產品和服務的總價值。它的計算方法通常是：GDP＝消費＋政府採購＋淨出口＋投資。第二，乘數效應。我們的消費就是別人的收入，別人的收入又會變成新的消費或投資，GDP因此愈滾愈大。

2 林毅夫和張維迎在辯論什麼——看得見的手

經濟學界的辯論很有趣，經常辯論，卻經常辯不出結果。訓練自己看待總體經濟的辯證思維，才是重點。

中國經濟學界有一場著名的辯論，即同為北京大學教授的林毅夫和張維迎隔空交戰，高手過招，引來無數人圍觀。他們辯論的是總體經濟學的問題，事實上已經辯論了近十年，也沒有結果。經濟學界的辯論很有趣，經常辯論，卻經常辯不出結果，不同於數學界的論戰和武術界的交手。如果在數學界，某人宣稱自己證明了哥德巴赫猜想[6]，那麼很簡單，讓他推演一番，結果立現；武術界也是如此，某人說自己練成了神功，過過招就見分曉。而經濟學的迷人之處就在這裡，每個人的理論似

6 哥德巴赫猜想（Goldbach's conjecture）：指任何一個大於二的偶數都可以寫成兩個質數之和，被譽為近代三大數學難題之一。

乎都能在邏輯上自洽，可誰也說服不了誰。

在這場辯論中，林毅夫以凱因斯為導師，張維迎的導師則是亞當．斯密。他們談及了很多問題，其中一個問題就是——政府應不應該干預市場。

作為反方，張維迎認為，政府愈少干預經濟愈好，最好不干預。經濟學的開山鼻祖亞當．斯密曾經說過，政府的角色相當於「巡夜警察」，防範暴力、偷盜、欺詐，保護履行合約和維護公共事業就可以了。至於經濟，有一隻「看不見的手」會利用人的自私性、趨利性，最終有效的配置資源。

正方林毅夫卻認為，一個高質量的經濟體系應該是有效的市場加上有為的政府，二者缺一不可。就像當年凱因斯提到過的，任由市場自我調節的代價十分慘痛：貧富懸殊、大量失業、社會不安定。市場那隻「看不見的手」需要國家調控這隻「看得見的手」來控制，才能保證經濟走勢不會偏離正軌，避免經濟危機的發生。

對此，反方辯駁，**愈是對市場本身沒有信心，就愈會把出現的很多問題歸咎於市場本身。**靠政府這隻「看得見的手」來控制市場那隻「看不見的手」，用海耶克（Friedrich August von Hayek，英國知名經濟學家，以反對凱因斯主義著稱）的話來說就是「致命的自負」。既然市場之手連看都看不見，政府又怎麼控制呢？政府的優勢並不在於能夠更準確的判斷未來，而在於能夠按照規則，循規蹈矩的做好本職工作。

正方卻堅持，**政府調控市場有兩大「法寶」可用——貨幣政策和財政政策**。

什麼是貨幣政策？就是央行通過調節利息、存款準備金比率[7]等方法，調控貨幣的供應量。經濟萎靡，釋放貨幣；經濟過熱，收緊貨幣。

什麼是財政政策？就是經濟萎靡之時，政府增加支出，刺激總需求，並且減稅，拉動經濟；如果經濟過熱，則多收稅，給經濟降溫。

一九二九年至一九三三年，羅斯福政府就是靠這兩大「法寶」，帶領美國走出了經濟危機。還有二〇〇八年的次貸危機，美國華爾街的金融寡頭利用各種理由尋租[8]權力，用以謀取私利，綁架政府，最終釀成惡果。所以，政府為企業創新提供自由的市場環境沒錯，但是也要提防企業露出資本家貪婪的嘴臉，該管的時候還是得管。

7　全名為「銀行存款準備金比率」（Required Reserve Ratuo），又譯做「現金準備比例」。意指為保障存款人的利益，銀行機構必須保留一定的資金於銀行內，以備存款人提領的需要。存款準備金與存款總額的比例即為存款準備金比率。

8　尋租（rent-seeking）：尋求經濟租金的簡稱，又稱為競租。指在沒有生產的情況下，為獲得或維持壟斷地位，繼而得到壟斷利潤（亦即經濟租）的一種非生產性尋求獲利的行為。

然而反方認為，之所以發生次貸危機，就是因為人們貸款買房之後無法償還貸款。但問題是，當初銀行為什麼會向這些人發放貸款？正是因為美國政府過於自大，強行通過立法，要求銀行必須貸款給沒錢買房的低收入者，這違反了市場規律。恰恰是政府對金融和房地產市場的干預，造成了次貸危機。

真正的辯論，不是高喊口號，而是優美的邏輯思辨。即使林毅夫和張維迎再辯論十年也難分勝負，我們卻能在這場辯論中訓練自己看待總體經濟的辯證思維，了解什麼是「看不見的手」和「看得見的手」——市場和政府，了解什麼是央行的貨幣政策，了解什麼是政府的財政政策，並且體諒被經濟學家包圍的國家領導人。

KEYPOINT

貨幣政策和財政政策

貨幣政策是央行通過調節利息、存款準備金比率等方法，調控貨幣的供應量。經濟萎靡，釋放貨幣；經濟過熱，收緊貨幣。財政政策是經濟萎靡之時，政府增加支出，刺激總需求，並且減稅，拉動經濟；如果經濟過熱，則多收稅，給經濟降溫。

3 四億人不工作後，你打算怎麼辦——人口撫養比

十五年後，當九〇後和千禧後成為社會主流時，要想保持今天的社會總財富、平均生活水平，他們一個人創造的社會價值，必須是今天的兩倍。

我常常被問到這樣一個問題：如果商業效率大幅度提高，導致大量失業，會不會對社會造成很大影響？當然也有樂觀的人說：這家公司裁員一個，那家公司又會多招一個，不用擔心。真的是這樣嗎？

在這裡，我們用總體經濟學的一個概念——人口撫養比，來回答這個問題。

我的朋友毛大慶是萬科集團前執行長兼董事長。有一次，我與毛大慶同台演講，他分享了一項研究數據，讓我當場震驚。這項研究就與人口撫養比有關。

我們知道，因為執行計劃生育政策，一對夫妻只能生一個小孩，因此中國人口的總量在不斷減少。九〇後比八〇後明顯減少，而千禧後又比九〇後減少。到底減少了多少呢？毛大慶說，九〇後比八〇後減少了百分之四十四．二，千禧後又比

九〇後減少了百分之三十三・七。如果這組數字確切的話，意味著假如八〇後的總人口是一百人，那麼九〇後就是五十六人，千禧後只有三十七人。

我不敢相信，於是上網查，發現一位同樣關心人口結構的企業家——攜程網的創始人梁建章也分享過一組數據。他說，九〇後比八〇後減少了百分之三十至四十。繼續查，發現還有些人的研究結論是：九〇後比八〇後少百分之三十・六八，千禧後比九〇後少百分之十九・三九。看上去好一些，但這同樣意味著八〇後退休之時，補充進來的勞動力總數很可能不足三分之一。

也許有的人力資源經理現在就感覺到九〇後員工很難招了。可能是因為九〇後的父輩生活水平提高，導致他們對工作不積極了；或者是因為這一代人個性更強了，不再為薪水工作，而是追求夢想。這些都只是個體層面的原因，總體的原因是九〇後的人口總供給少了。**難招，是因為供需關係改變了。**

中國最大的生育高峰是一九六六年至一九七三年。這段時間內，中國一共出生了約三・一億人。如果六十歲退休的政策不改變的話，意味著二〇二六年至二〇三三年，中國將會有三億人，也就是今天中國人口的百分之二十二左右，集體進入退休狀態。而現在距這種情況發生，還有十年左右的時間。

勞動人口的供給大大減少，退休人口急遽增加，這兩項變化疊加在一起，大約十五年後，中國將從一個九億人工作、五億人因為各種原因（未成年、已退休等）而無法工作的國家，變成一個五億人在工作、九億人不能工作的國家。

人口撫養比，指的是一個國家非勞動人口占總人口的比例。今天，十四億人中的五億人無法工作，人口撫養比是五比十四，也就是約百分之三十五・七。當九億人無法工作時，人口撫養比變為約百分之六十四・三，幾乎翻了一倍。也就是說，十五年後，當九〇後和千禧後成為社會主流時，要想保持今天的社會總財富、平均生活水平，他們一個人創造的社會價值，必須是今天的兩倍。

過去，中國大多數行業取得成功的一個共同原因是人工成本便宜，但是這個低人工成本的時代已經一去不復返了。從富士康之前在深圳建廠，到現在在印度建廠，到考慮在美國建立無人工廠，清清楚楚反映了這個變化的趨勢。

今天也許有很多人擔心，效率提高會導致失業。但是，隨著中國勞動人口從九億銳減到五億，我們會突然驚醒：再不提高效率，去哪裡找那麼多人從事過於低效的工作呢？

應該怎麼辦？給大家幾個建議：

第一，試著推演一下，如果人力成本翻倍，但是商品價格不變，現在的商業模式是否依然成立。如果發現本來賺錢的生意虧損了，或利潤嚴重縮水，那麼這個行業就需要拉響警鐘了。我們有大約五至十年的時間可以用來進行行業調整。

第二，調整的手段可以通過網路、大數據、人工智慧、機器人等方式，提高效率，減少對人工的依賴。科技必須取代少掉的那四億勞動人口的生產力。

第三，僅僅提高效率是不夠的。比如，很多人相信機器人可以拯救中國製造業，對此，我個人是存疑的。過去，外國之所以把原物料大老遠的運到中國來加工，再運回去賣掉，是因為製造必須依賴人工，而中國的人工成本最便宜。如果以後製造業不需要人工了，那美國人、德國人可以用機器人在本國製造，為什麼還要運到中國來呢？**真正能拯救中國的，是創造，而不是更高效的製造。我們要賣不可替代的產品，而不是可被機器人替代的勞動力。**

KEYPOINT

人口撫養比

人口撫養比指的是一個國家非勞動人口占總人口的比率。今天，十四億人中五億人無法工作，人口撫養比是五比十四，也就是約百分之三十五．七。當九億人無法工作時，人口撫養比變為約百分之六十四．三，幾乎翻了一倍。十五年後，當九〇後和千禧後成為社會主流時，要想保持今天的社會總財富、平均生活水平，他們一個人創造的社會價值，必須是今天的兩倍。

4 用二十年的積蓄買幾朵鬱金香——泡沫經濟

商業世界就算獲得再大的成功，也要時時提醒自己：什麼是可持續增長的，什麼是泡沫經濟。要時時問自己，我會不會就是那個用二十年的積蓄買鬱金香的人。

泡沫經濟，是總體經濟學中很讓人頭疼的一個概念。

舉個例子，一九八五年九月，美、日、英、法、德五國的財政部長在紐約廣場飯店簽訂了《廣場協議》，同意美元貶值。同時，日本央行採取寬鬆的貨幣政策刺激經濟，大量金流入房市，導致房地產價格暴漲。房價愈漲，愈有人買；愈有人買，就會愈漲。到一九八九年的時候，日本房地產的價格已瘋漲到了荒唐的地步。當時，日本的國土面積僅相當於美國加州，但其地價總額已經相當於整個美國的四倍。一九九〇年，僅東京一地的地價就相當於美國全國地價的總和。普通的日本民眾花費畢生儲蓄，也無法買下一套住宅。

在任何一個價格點上，都一定會有經濟學家驚呼「泡沫」，也一定會有其他經濟學家告訴大眾「趕緊買，還會漲」。可怕的是，「還會漲」的論調每一次都說對了，民眾愈來愈不相信唱衰樓市的經濟學家，因此繼續恐慌性購買，導致房價繼續上漲。

但如大家所知，一九九一年日本的房地產泡沫破滅了，房價隨即暴跌，房地產業全面崩潰，個人紛紛破產，企業紛紛倒閉，遺留下來高達六千億美元的壞帳。這次泡沫還引發了日本歷史上最漫長的經濟衰退，人們稱這次房地產泡沫是「二戰後日本的又一次戰敗」，把二十世紀九〇年代視為日本「失去的十年」。

這麼可怕的泡沫經濟，就沒人看得到嗎？就沒有預警機制嗎？誰應該為此負責？

其實，**身處泡沫經濟中的人是看不到泡沫的。因為所謂的泡沫，是所有人共同想像出來的，所有人脫離現實的「信心」，彼此激勵、合謀，創造了泡沫經濟**。換句話說，是你、是我、是我們認為最理性的朋友們一起製造了可怕的泡沫經濟，它就像「中國式過馬路」，湊夠一批人就可以走了，和紅綠燈無關。

何止是日本人，全世界的人都一樣。

一六三七年，一個荷蘭商人用六千多荷蘭盾買了幾十個鬱金香球根。當時，一個普通荷蘭家庭全年的生活開支才三百荷蘭盾。今天我們看這件事情覺得太離譜了，可是當時就算有人提醒荷蘭商人「鬱金香一定會跌」，他也不會相信，因為當他捧著這些鬱金香球根從街頭走到街尾的時候，價格就已經漲了三次。

最終，鬱金香泡沫[9]破滅，千百萬人傾家蕩產。

什麼叫泡沫經濟？

泡沫經濟就是虛擬經濟過度增長，最終脫離了實體經濟的支撐而形成的虛假繁榮現象。最終，泡沫破滅會導致社會震蕩，甚至經濟崩潰。

泡沫經濟的形成有三個階段。

第一，泡沫的形成階段。當虛擬經濟「微胖」的時候，主流經濟學家認為這不是壞事。民眾對未來發展抱持正向預期，會刺激實體經濟發展，最終追上來填實泡沫。

第二，泡沫的膨脹階段。雖然此時資產價格已經嚴重超出其價值，但是因為群體想像已經形成，不斷有人賺到錢，又繼續強化這種群體想像，泡沫愈來愈大。就算有人意識到了風險，也可能經不起誘惑，試圖從泡沫中獲益，成為推動膨脹的合謀。

第三，泡沫的破滅階段。最後能接盤的人，資本始終是有限的。交易開始趨緩、價格開始停滯的時候，泡沫最終破滅。資產價格回歸理性，大量的人破產。中

---

9 又稱鬱金香狂熱，十七世紀發生於荷蘭，是歷史上記載最早的泡沫經濟事件。

間離場的人賺的錢，都來自沒來得及抽身的人。

這種基於群體想像的泡沫形成機制，非常像一種經典的金融騙局——龐氏騙局。只不過，龐氏騙局背後是有人費盡心機構建故事，讓大家對無價值的資產產生群體想像。而在泡沫經濟中，這種群體想像是自發的，所以泡沫經濟又被稱為「自發性龐氏騙局」。

為什麼要講這個概念？學習商業邏輯可以使人理性，但我們也要對人性心存敬畏。進入商業世界，就算獲得再大的成功，我們都要時時提醒自己：什麼是可持續增長的，什麼是泡沫經濟。要時時問自己：我會不會就是那個用二十年的積蓄買鬱金香的人？

KEYPOINT

泡沫經濟

泡沫經濟是一個可怕的概念。當虛擬經濟脫離了實體經濟的支撐，背離價值的時候，就會產生泡沫經濟。泡沫經濟的形成有三個階段：泡沫形成階段、膨脹階段和破滅階段。有很多人在第二階段賺到了錢，但更多人都死在了第三階段。

5 你贊成給全國人民無條件發錢嗎——再分配

全民發錢，從經濟學的角度來看，其實就是試圖用「第二次再分配」的手段，解決貧富差距的問題。

瑞士大約有八百萬人口。在瑞士有個政策：任何提案只要能在十八個月內集齊十萬個簽名，就能啟動公投。於是，有人提出了一個提案：為了讓瑞士人都過上「體面的生活」，請政府向每個瑞士公民每月發放兩千五百瑞士法郎，相當一．七萬元人民幣。這個提案勢如破竹的集齊了十萬個簽名，按照程序要進行公投了。

為了推動公投，提案的支持者們想盡了招數：他們在聯邦議會大廈廣場上傾倒了八百萬枚五分錢的硬幣，代表八百萬瑞士人都有錢拿；在火車站向民眾發錢，每人十瑞士法郎；甚至在日內瓦市中心拉起巨型宣傳海報，創下金氏世界紀錄……

全民發錢，這件聽上去很瘋狂的事情，我們應該怎麼看？要理解這件事，首先要了解總體經濟學中的一個重要分支——福利經濟學，以及福利經濟學中的一個重要概念——再分配。

什麼叫再分配？

舉個例子，某員工每月薪資收入一萬元，但公司為其付出的成本卻是一萬四千四百一十元，而錢發到員工手上就只剩下七千四百五十四元了。為什麼？這中間差不多一半的錢到哪裡去了？這一半的錢通過稅收和社會繳費（比如繳納五險一金[10]）兩種方式，被國家收走了。國家再把這些錢分配給其他人。

這就是福利經濟學中的「再分配」。再分配，就是指在基礎收入上，政府為了社會公平，通過各種方式實現財富轉移的一個過程。

有人可能會問：憑什麼啊？我努力賺的錢，憑什麼要轉移給別人？**從社會公平的角度來說，一個人賺的錢不完全是因為他的努力，一部分是因為他擁有不公平的優勢。**比如，他出生在城市，別人出生在農村；他天生健康，別人天生殘疾等——這些都是不公平的。政府通過再分配的方式，調節這種不公平。

10　五險一金：中國的福利政策內容。五險為養老保險、醫療保險、失業保險、工傷保險和生育保險；一金則是住房公積金，相較前四項，屬非政府法定必須繳納的項目。

靠什麼手段調節呢？靠三次再分配。

第一次再分配，在不知不覺中就完成了。比如最低薪資標準，就是調高勞動和資本之間勞動收入的比例；再比如保護農產品價格，就是調高農村和城市之間農村收入的比例。

第二次再分配，通過稅收、社會繳費等手段來調節。比如個人所得稅，有能力工作的人交錢，養沒能力工作的人；再比如繳納五險一金，年富力強的成年人交錢，養日漸衰老的老年人。

第三次再分配，就是民眾自發的做公益事業、慈善事業，實現對財富的再一次分配，進一步縮小現有的貧富差距，減少社會矛盾。

回到瑞士全民發錢的公投問題上來。每一件事情的背後，都有其商業邏輯。從經濟學的角度來看，這個提案其實就是試圖用「第二次再分配」的手段，解決貧富差距的問題。

但是，既然是再分配，就要知道：第一，怎麼收錢；第二，怎麼發錢。怎麼發錢，提案裡講得很清楚了；但怎麼收錢，也就是說錢從哪裡來，提案裡並沒有指出。

錢的來源，簡單來說有兩個：收上來和印出來。如果提案獲得通過，瑞士政府每年將為此支出兩千零八十億瑞士法郎。其中，一千五百三十億直接來自稅收，另外五百五十億來自社會保險等。而瑞士當年的財政收入預計只有六百六十多億！政府本身並不創造財富，而只能再分配財富。也就是說，政府必須把發下去的錢再收回來——或者說，把發給一部分人的錢，從另外一部分人身上收回來。

這時候，八百萬瑞士人就要做一個判斷了：財富不會憑空創造，我最終是出錢的人，還是拿到錢的人？最後，百分之七十八的瑞士人否決了這項提案。這說明，百分之七十八的瑞士人覺得，這不是一個發錢計劃，而是一個搶錢計劃。

那麼，為什麼不讓央行多印錢呢？央行印的錢並不是財富，只是一種財富的記帳符號。印的錢愈多，每一元的購買力就會下降得愈厲害，所有人的財富都會縮水。當然，相對來說，富人縮水得更多。所以，印錢的本質，也是從一部分人手上收錢，發給另一部分人。

KEYPOINT

再分配

政府通過某些手段，把財富從一部分人手中轉移到另一部分人手中，以求緩解社會不公平，這就是「再分配」。再分配是福利經濟學中的一個概念，是很複雜的事情，做得不好，會帶來更大的不公平。全民發錢，就是一種試圖用簡單的手段解決複雜的再分配問題的想法。

時間筆記

第五章

金融與法律

最瘋狂的心和最冷靜的腦——**風險投資**

資本和人才，哪一個更重要——**合夥人制度**

可以只買「LV」兩個字，不買包嗎——**商品證券化**

金融界的萬騙之祖——**龐氏騙局**

金融的本質是風險買賣——**網路金融**

1 最瘋狂的心和最冷靜的腦——風險投資

每個創業者都認為自己會「一將功成」，但大多數人最終都是「萬骨枯」。如果十個投資人都不看好你，很可能是你有問題，要借助他們的經驗來修正你的看法。

很多人也許有這樣的感覺，網路時代好像天天都在「掉餡餅」。

二〇一六年春節，新浪微博給我發了一條私信，說往我的帳戶裡匯了一些錢，請我用這些錢給自己微博裡最熱情的粉絲們發紅包。我將信將疑的打開連結，沒想到新浪微博連把紅包發給誰都幫我挑選好了，我只要按一下「發送」鍵，現金就這麼以我的名義發出去了。

免費，甚至倒貼，已經成了網路的一種基本形態。這讓一直靠自有資金滾動發展起來的傳統企業非常不解和頭疼：這些錢都是從哪裡來的？這麼瘋狂的燒錢，萬一賺不回來怎麼辦？他們會因為「私有資產流失」而坐牢嗎？

前面我跟大家分享過網路公司為什麼會這麼瘋狂，現在我們來講講他們為什麼敢這麼瘋狂。支持這一切看似瘋狂的事情背後的理性力量是風險投資。

風險投資，就是通過買走創業的「失敗風險」，從而讓創業者朝著成功目標一路狂奔的金融工具。

創業的失敗風險還能被買走嗎？舉個例子，二〇〇四年，一位年輕的創業者胸懷大志，開發了一個網站，結果失敗了。他不氣餒，又做了一個項目，還是失敗了。再做，再失敗……就這樣，他一路做下來，一路失敗，一共做了十個左右的項目，都失敗了。屢敗屢戰六年後，到二〇一〇年，這個「打不死的小強」又創辦了一家公司，沒想到這一次，他成功了！成功的公司叫「美團」，這位創業者就是美團網的執行長王興。

美團雖然成功了，但之前失敗的項目呢？美團需要為之前失敗的項目買單嗎？

當然不需要。因為王興為之前的項目買了「創業保險」，如果項目失敗，風險投資人會接受虧損，王興並不需要把之前的失敗變成債務，帶到下一次創業中去。但是，他也需要為此付出高昂的代價，那就是一旦項目成功了，風險投資人將會分走很大一部分財富收益。

這個「一旦」背後，就有大學問了。

風險投資，在外行人看來就像「賭石」一樣不靠譜。每個投資人都能滔滔不絕的講出一整套他們判斷「石頭裡有沒有寶玉」的獨特方法，然而這些方法再獨特，本質上也還是一個機率遊戲。

網路最大的優勢是效率的優勢。它用極低的邊際成本，網聚傳統企業無法想像的龐大用戶，突破引爆點，達成贏家通吃，並因此獲得巨額收益。投資阿里巴巴、京東、小米，獲得的收益都是幾十倍甚至上百倍的。

但是，如果失敗了呢？那麼前期的投入將顆粒無收。其實，顆粒無收的結果才是大機率事件。也就是說，有百分之一的機會賺一百倍的投資收益，但還有百分之九十九的可能性一無所獲。**風險投資，就是把多於百分之九十九的企業燒掉的錢作為成本，換取押中「下一個馬雲」的不到百分之一的可能性。**

所以，風險投資人其實是理性的賭徒，他們在創業公司身上押注。各種各樣的「獨特方法」，比如對趨勢的判斷、對團隊的判斷，都是提高賭中「同花順」機率的獨門絕技。而這些獨門絕技的差異，最終體現在誰能把百分之一的成功率提高到百分之二、百分之三或者百分之五。

如果說創業者有最瘋狂的心，那麼投資人就有最冷靜的腦。基於這個機率遊戲，投資者設計了複雜的「創業保險」產品體系，比如天使輪[11]、A輪、B輪、C輪等，愈往後的險種風險愈小，收益也就愈低。

如果今天我們也想創業，可以去找風險投資買份「創業保險」嗎？當然可以，但是我希望大家記住幾點：

第一，千萬記住：創業是九死一生的遊戲。如果你要去創業，建議一定不要動用父母養老的錢，留足給妻兒生活的錢，然後去找風險投資，用稀釋掉的股份去買一份「創業保險」。

第二，每個創業者都認為自己會「一將功成」，但大多數人最終都是「萬骨枯」。如果十個投資人都不看好你，可能是他們沒眼光，但更可能是你自己有問題。借助他們的經驗來修正你的看法，而不要愛上自己的簡報軟體。

第三，融資，甚至上市，都不是成功的標誌。這些只是新階段的開始，贏利才

11　天使輪：又稱天使投資，是創業者已選定創業投資項目，但還在概念階段尚未運營，稱願意投資該創業者的投資人為「天使」，為這些尖端高風險企業投資人所開的說明會，即是「天使說明會」。

是公司存在的意義，而客戶和產品才是贏利的核心。把套取風險投資的錢當成商業模式，和「騙保」的性質差不多。

第四，同時要記住：一旦融資，公司就不完全是你的了。當你的節奏和投資人的期待不符時，你可能會懷疑「到底誰是老闆」。這也是為什麼有些創業者一怒之下又把公司買回來的原因。

KEYPOINT

風險投資

通過買走創業的「失敗風險」，從而讓創業者朝著成功目標一路狂奔。風險投資人其實是理性的賭徒，他們在創業公司身上押注。各種各樣的「獨特方法」，比如對趨勢的判斷、對團隊的判斷，都是提高賭中「同花順」概率的獨門絕技。而這些獨門絕技的差異，最終體現在誰能把百分之一的成功率，提高到百分之二、百分之三或者百分之五。

2 資本和人才，哪一個更重要——合夥人制度

如果你不希望最優秀的員工離開，那就打心眼裡承認價值主要是他創造的，用合夥人制度出讓公司股份或項目股份；若他去意已決，就投資他，成為他的「有限合夥人」。

一位朋友要辭職去創業，很誠懇的來諮詢我的意見。我有點尷尬，因為我認識這個朋友，也認識他的老闆。我知道，當我幫助他和一個人合夥的同時，也是在幫助他和另一個人散夥。

合夥，在今天是一個非常流行的詞。其實，散夥也是。雖說聚散離合很正常，但公司一定不希望自己的團隊，尤其是最優秀的員工離開。有沒有什麼辦法，可以讓大家像拴在一根繩上的蝗蟲一樣，生死與共呢？

有。這根拴蝗蟲的繩子就是「合夥人制度」。

在管理諮詢界，有一家無人不知的公司叫麥肯錫。麥肯錫的江湖地位高到什麼程度呢？《科學》（*Science*）雜誌戲稱：「如果上帝決定要重新創造世界，祂會聘

請麥肯錫。」

但麥肯錫作為一家公司，本身也會面臨管理問題。比如，某個有錢人出錢買下麥肯錫的所有股份，讓這群優秀的顧問都替自己工作，這行得通嗎？

顯然行不通。在諮詢公司、會計事務所、律師事務所這些行業裡，相對於資本來說，人才創造的價值更大。所以，常規公司裡「資本僱用人才」的邏輯，在這些公司裡是不成立的。如何讓優秀的人才聚合和自治，而不是為資本打工，變成了麥肯錫最重要的管理問題之一。

麥肯錫選擇了形式上的「公司制」、運營上的「合夥人制」來解決這個問題。一個人進入了麥肯錫公司，就等於進入了一個奔向合夥人的「不進則退」的晉升機制。成為合夥人，就是公司股東；成為高級合夥人，就是公司董事。高級合夥人再選出公司領導人。領導人三年一屆，最多三屆。麥肯錫的這種用優秀人才自治，而不是為資本打工的「合夥人制度」成功的延續了將近一百年。

所謂「合夥人制度」，就是分享，而不是獨享公司所有權、收益權的一種組織形式。

有的老闆可能會想：那還得了，我要是學麥肯錫，不就等於把自己的公司給分了嗎？那公司還是我的嗎？

公司到底是資本的，還是人才的？這一直是管理學界爭論的話題。工業化時代，因為要買廠房、生產線、原物料等生產資源，資本顯得似乎更重要，甚至連人才也只是資本購買的一種特殊形式的生產資源而已。但是，到了資訊時代，尤其是網路時代，在價值創造中，人才愈來愈變成決定性因素。**資本和人才的博奕，正在不斷往人才方面傾斜。合夥人制度，就是這種傾斜的產物。**

回到我朋友的問題上來。老闆如果還想挽留他，也許只有三個選擇：第一，打心眼裡承認價值主要是他創造的，而不是資本；第二，採用合夥人制度，出讓公司股份或者項目股份，與他共享收益，當然也共擔風險；第三，如果他去意已決，那就投資他吧；不能成為他的「普通合夥人」，那就成為「有限合夥人」。

有限合夥人是一種特殊的合夥形式。

十一世紀的歐洲，海上貿易盛行。但是，有錢人老了無法出海，而能出海的年輕人又沒錢。怎麼辦呢？解決這個矛盾的「康孟達契約」[12]出現了：有錢人買船、

---

12 康孟達契約（Commenda）：隱名合夥制，其概念源自中世紀義大利遵行的康孟達契約，指一方對另一方的生產、經營出資，不參與實際經濟活動而共享盈餘，並以出資額作為承擔虧損的限額。

買貨，交給年輕人出海通商。如果賺錢了，有錢人拿走四分之三的利潤；要是虧錢了，有錢人以本金為限，直至全部虧完，所以叫「有限合夥人」。年輕人呢，可以不出錢，只出力，所以叫「普通合夥人」。對年輕人來說，賺錢了可以拿四分之一的利潤，也很可觀；一旦虧錢，有錢人用本金還。假如本金不夠還呢？這時年輕人就必須砸鍋賣鐵去還錢了。這種出錢的人和出力的人的合夥制度——康孟達契約，成了今天風險投資業的基本管理模式。

做投資，光有錢是不行的，還要有眼光。所以，有錢的人做LP（Limited Partner），也就是有限合夥人，出資百分之九十九；有眼光的人做GP（General Partner），也就是普通合夥人，出資百分之一。如果賺錢了，LP拿百分之八十，GP拿百分之二十。相當於GP用百分之一的出資，博取了百分之二十的收益。但代價是：如果虧了，LP的錢賠完後，GP承擔無限責任，要傾家蕩產去還錢。

還記得前面講的「誘因相容」嗎？**不管是普通合夥人制度，還是有限合夥人制度，其實都是在資本和人才之間找到通往誘因相容的路徑。**

如果既不是諮詢公司，也不是風險投資，怎麼利用合夥人制度來平衡資本和人才的矛盾呢？

比如，房地產公司可以學習萬科的「事業合夥人」制度——兩千五百多名骨幹員工持有超過百分之四的股份，成為第二大股東。並且員工可以通過跟投制度，參與公司項目。在這個「事業合夥人」制度下，要是有人膽敢揩公司油，必定會遭到員工舉報。

再比如，零售企業可以學習永輝超市的「一線員工合夥人」制度——六萬多名一線員工成為店鋪、櫃組的股東，分享利潤。員工為自己幹，貨品輕拿輕放，把損耗降到最低，服務態度好，業績也好了許多。

KEYPOINT

合夥人制度

合夥人制度就是分享，而不是獨享公司所有權、收益權的一種組織形式。不管是普通合夥人制度，還是有限合夥人制度，其實都是在資本和人才之間找到通往誘因相容的路徑。

3 可以只買「LV」兩個字，不買包嗎——商品證券化

如果你想通過買賣一些虛擬價值大於使用價值的商品賺差價，比如某些高檔菸酒、保健品、黃金等，為它們進行「商品證券化」的包裝，就能更快賺錢。

大家都知道，一件商品的價值有理性的使用價值部分，也有感性的情感價值部分。比如路易威登的包，可以用來裝東西，這是它的理性價值；也可以用來「裝」，這是它的感性價值。

通常，**理性價值部分，原物料成本占比會很高；而感性價值部分，可以被認為是一種虛擬產品，邊際成本很低。**

於是，有人腦洞大開：為了高毛利，能不能只買商品的感性價值呢？比如只買「LV」這兩個字，包就不要了呢？也許你會哈哈大笑：怎麼可能，就算人人都知道LV的名字比包值錢，但如果沒有那個包，「皮之不存，毛將焉附」？

真的沒辦法把商品中的情感抽取出來，脫離實體，獨立銷售嗎？

其實是可以的。這裡涉及一種特殊的金融工具：商品證券化。

每年中秋節，網路上都會流傳一個故事：有一個月餅廠，發售面值一百元的月餅券，接著以六十五元的價格把月餅券賣給經銷商。然後，經銷商以八十元的價格把月餅券賣給某公司的人力資源部。最後，這家公司把月餅券作為中秋節福利，發給了員工。員工拿著月餅券，高高興興的回家了。

然而，故事到這裡並沒有結束。

有個員工不喜歡吃月餅，於是他以四十元的價格把月餅券賣給了黃牛，最善於發掘「規則之縫」的黃牛轉手又以五十元的價格把月餅券賣回給了月餅廠。

這就出現了一個有趣的循環：月餅廠以六十五元的價格把月餅券賣出去，最後又用五十元把它買回來，其間並沒有生產任何東西，卻白白賺了十五元。

為什麼會出現這種情況呢？這是因為月餅廠採用了月餅券的方式，對月餅進行了「商品證券化」，並用這張證券代替月餅，完成了情感價值的流轉和銷售。

什麼叫商品證券化？

商品證券化，就是把商品通過金融化包裝，變成有明確價格的權益憑證。比如月餅券，就是有價格的，可以兌換成實體月餅的憑證，是實體月餅的證券化。

公司送給員工的月餅，從邏輯上可以分成兩個部分來理解：實體部分是可以吃的理性價值，也就是月餅本身；虛擬部分是只能體會的感性價值，是公司送給員工的一種節日關懷。

月餅廠通過商品證券化的方式，剝離了月餅的理性使用價值，然後讓月餅券承載著感性的情感價值——節日關懷，流轉了一圈，完成了虛擬產品的銷售，最後把完成歷史價值的證券回收銷毀。

對於員工來說，收到價值一百元的月餅和關懷後，轉手把實體月餅以四十元的價格賣給了黃牛，把價值六十元的虛擬關懷收下了。月餅券提高了這個關懷的交易效率，並消除了不必要的生產浪費。

這就是商品證券化。

那麼，這種有趣的商品證券化的工具還能在哪些行業使用？具體怎麼操作呢？

在所有「商品的虛擬價值大於使用價值」的行業中，都可以使用商品證券化的工具。比如禮品行業，某人去拜訪朋友，總不能空著手去，於是去超市轉轉看能買點什麼，結果看中了一大盒保健品。如果這個保健品的生產工廠也懂得運用商品證券化的邏輯，就會讓促銷員在說服顧客付款之後，送給顧客一張精美的提貨券。

顧客拿著提貨券去拜訪朋友，朋友很高興。收到提貨券後，朋友有兩個選擇：如果他真的很想要這個保健品，就會去超市提貨；如果不想要，則有可能把提貨券兌換成現金。這個時候，他收下的僅僅是朋友的關懷。

在一些特殊的商品領域，商品證券化的應用更廣。比如黃金，如今黃金仍然有一定的使用價值，但是更多的是虛擬價值。對於虛擬價值大於使用價值的黃金，一樣可以用商品證券化的方法來提高流通率。於是，金融機構發明了「紙黃金」，其實就是擁有一定量的黃金的憑證。炒黃金的人，有了這種證券之後，就無需扛著黃金買進賣出了，極大的提高了效率。

KEYPOINT

商品證券化

所有「虛擬價值大於使用價值」的商品都可以採用商品證券化的方式，比如月餅、粽子、高檔菸酒、保健品、營養品、黃金等。發行這些商品的提貨券，並且設計最終回收的閉環。在網路時代，商家甚至可以只發行提貨碼，並且提供回收提貨碼的網址，這樣效率更高。

4 金融界的萬騙之祖——龐氏騙局

對所有號稱沒有風險但年收益超過百分之八的項目，都要心存警惕；宣稱有巨額收益，但自己不賣房子不賣地，卻掏心掏肺拉你加入的，基本都是騙局。

有個朋友在微信上說，她遇到個投資機會，每月收益最多可達百分之三十，邀請朋友加入還會有額外高額回報。她的朋友加入得早，已經賺了好多錢。所以她想問問我的意見，能不能投。

我當時的第一反應是：把她封鎖算了。冷靜了幾分鐘後，我強忍著給她講了我的意見：趕快把你那個賺了錢的朋友封鎖吧。

金融的世界，抽象得虛幻，虛幻得迷人，因此，也是很多高智商騙子的藏身之所。說到這裡，不得不提到一個人——查爾斯．龐茲（Charles Ponzi），號稱「騙子界的關二爺」、「金融界的萬騙之祖」。有的人可能沒聽過他的名字，但大家一定都聽過著名的「龐氏騙局」。

查爾斯．龐茲是個義大利人，曾因偽造罪在加拿大坐過牢，也因走私人口在美國蹲過監獄。一九一九年，龐茲移居波士頓，並宣稱自己發現了一種賺錢的好方法，就是把歐洲的郵政票據賣給美國。大部分美國人對金融沒有概念，將信將疑。於是，他拋出了一個誘餌：所有投資，四十五天之內，有百分之五十的回報；九十天之內，回報翻倍。在這個巨大誘惑下，投資者開始嘗試性的投錢，沒想到真的拿到了回報。所以，後繼的投資者大量跟進。

一年多的時間，四萬多人成了龐茲的投資者，他們把龐茲奉為「商業巨鱷」。有人甚至高呼：「你是最了不起的義大利人！」龐茲說：「不，哥倫布和馬可尼才是。他們發現了美洲大陸，發明了無線電。」這個人說：「但是你發明了錢！」

龐茲因此獲得了巨額財富，住上了別墅，擁有名貴的西裝、皮鞋、鑲金的拐杖、昂貴的首飾、鑲著鑽石的菸斗等。但最終，騙局被揭穿——事實上，龐茲只買過兩張郵政票據，前面所有投資者的收益，都是後來投資者的本金。一九二〇年，龐茲破產了，被判刑五年，並連帶造成五家銀行倒閉，大量投資人血本無歸。

龐氏騙局，後來成為一個專有名詞，就是指那些通過金字塔式擴張，用後入者的本金偽裝成先入者的收益的方式，不斷滾雪球的一種騙局。金融的世界很精采，同時也很危險。**普通人看中的是錢的收益，而騙子看中的卻是人們的本金。**

回到最開始的問題上來。每月收益百分之三十，稍微理性一點就知道這基本上不可能。龐氏騙局之所以能成為「萬騙之祖」，其聰明之處，也是可怕之處，就在於它巧妙的讓所有獲得階段性回報的參與者都變成了這個騙局的合謀者，瘋狂拉人入局，直到無人可拉，資金鍊斷裂，騙局敗露。

你可能會覺得：為什麼有人那麼傻，傻到會上這種當？先別太自信。我舉個例子，看看大家會不會上當。

假設矽谷有一家創業公司，僱用了很多優秀的畢業生，給他們發很低的薪資，但會給一筆股票期權[13]，許諾未來可能獲得高額收益。

有人或許會覺得這沒有問題，網路公司不都是這麼幹的嗎？因為薪資很低，公司的產品就可以賣得很便宜，還有錢賺。賺了錢之後，創始人把一半錢分給所有擁有期權的員工，另一半分給管理層作為獎金。有錢賺，有錢分，這不挺好嗎？

後來，公司員工愈來愈多，賺的錢也愈來愈多……但是最後，公司破產，員工全部失業，期權一文不值。

---

13 期權：又稱為選擇權，有時也看作是期貨和選擇權的合稱。

怎麼會這樣？賺錢的公司為什麼會破產？因為它就是一個龐氏騙局！你看出來了嗎？

要看透這個騙局，必須首先一針見血的理解這家公司到底在靠什麼賺錢。因為薪資低，產品價格才低，公司才賺錢。所以它賺到的錢，本質上是員工的低薪資和社會平均薪資之間的那個差額。這個差額，公司創始人拿走了一半，另一半分回給員工。在這種薪資低，產品價格才能壓低的模式中，員工永遠賺不回自己的薪資。老員工成為騙局中不知情的合謀者，不斷把自己作為案例，吸引新員工的加入，擴大騙局的基數。而創始人騙走的，是沾滿血汗的管理層獎金。

我們一定要有一雙慧眼，看透騙局，不要讓辛苦所得血本無歸。

KEYPOINT

龐氏騙局

俗稱「挖東牆，補西牆」，就是用後入者的本金，當作先入者的收益，不斷滾雪球的一種騙局。識別龐氏騙局，要注意以下三點：第一，對所有號稱沒有風險但年收益超過百分之八的項目，都要心存警惕；第二，宣稱有巨額收益，但自己不賣房子不賣地，卻掏心掏肺拉你加入的，基本都是騙局；第三，龐氏騙局不一定有策劃者。還記得「泡沫經濟」嗎？那就是一場沒有策劃者的自發性的龐氏騙局。

5 金融的本質是風險買賣——網路金融

想在網路金融領域創業，先找到自己的如意金箍棒——更高效的風險買賣模型，確定自己能創新的用更好的方法幫助客户解決問題。否則，別去創業。

前段時間很流行一個詞——網路金融。沒過一陣子，網路金融不火了，取而代之的又是科技金融。有些在傳統金融機構工作了很久的人想趁勢出來創業，到底應該選什麼作為切入點呢？

過去三年，我給很多銀行、保險公司、基金公司和證券公司的高階主管講授「網路加金融」的課程，也擔任過一些金融機構的戰略顧問。其間，有些大銀行請我講過十幾次課，希望能盡量覆蓋銀行所有的核心層。我經常說：愈是在高速變化的時代，愈要回歸本質。

那麼，金融的本質是什麼？

舉一個例子，自從美國P2P（person to person或peer to peer的縮寫，即個人

對個人或夥伴對夥伴）公司 Lending Club[14]成名以後，中國就掀起了一輪 P2P 狂潮。幾千家 P2P 公司如雨後春筍般一夜之間冒出來，但一場大風過後，這些「春筍」又被連根拔起，關門的關門，跑路的跑路。為什麼會這樣？

金融，是典型的「風險買賣」的生意。P2P 公司其實就是依靠更有效的風險管控機制，把借錢人不還錢的風險從出借人手中買走。可悲的是，很多 P2P 公司根本沒有這個機制就敢開業，所以做得愈大，死得愈快。

什麼叫更有效的風險管控機制？

假設微信也做 P2P 了，它會怎麼做呢？如果某人今天想借一萬元，十天歸還，願意給百分之八的年化利率[15]，按天計息。誰會借給他呢？年化利率百分之八，至少比存銀行的利息高一些，但是出借人會很擔心：萬一他不還錢怎麼辦？這個時候，微信站出來出主意：那就拿對方微信裡和他溝通最多的二十個朋友的溝通權利

---

14 Lending Club：成立於二〇一六年，提供 P2P 貸款的平台中介服務。

15 年化利率：即年化收益率，是換算成一年期的報酬率。

做抵押，行不行？十天之後，不管什麼原因，只要他沒來得及還錢，微信就可以給和他溝通最多的二十個人發消息（借款之前獲得相應授權）：你們的朋友某某欠了別人一萬元，逾期未還，作為他的好朋友，你們能不能幫忙提醒他一下？這二十個人當中，可能有他的家人、朋友、同事，或者商業夥伴、客戶，這些人要是知道某某連一萬元都還不起，本來要成交的生意恐怕也沒了。

什麼叫信用？這就是信用，我們最怕失信於這些人。

然而，這樣做還是有風險。比如某某串通二十個人，半年前就商量好：我準備借一億，在這段時間裡，你們不要跟別人溝通，只和我聊，等錢一到手，大夥集體消失。當然，借一億時才可能有這個風險，如果只是借一萬元，相信絕大多數人是不會這麼幹的。所以，**每一個風險，都有它的價格。**

金融的本質就是風險買賣。真正的網路金融，或者科技金融，或者任何一種「新金融」，都應該基於更高效的風險買賣模型。否則，不管它叫什麼，都是死路一條。

那麼，我們怎樣才能利用它去創業呢？

比如，某人原來在一家汽車保險公司工作，不妨試著找找看，有沒有更高效的風險買賣模型。以前買車險，每年到一定時候就會有工作人員給車主打電話，告知交強制險多少、第三者責任險多少，一秒鐘就算出保費了。但是像我這種情況，一年要在天上飛一百多次，兩百天不在上海，車幾乎不開的，卻和每天都開三十公里上下班的人交一樣的保費，合理嗎？我交的保費顯然貴了，這個風險買賣的模型有問題。

現在有一種設備叫「車載診斷系統」（On-Board Diagnostic，OBD），可以放在車裡監測行車數據。有了這個東西之後，以後的保險就可以不按照年來賣了，而是按照公里數來賣。開車多的人，明顯就應該多交錢。如果一年都沒開車，其實只需要交停車費，一分錢保費都不應該交。

要是按照公里數，每公里交多少錢合適呢？按照車主的行車習慣來訂價。習慣好的人，就應該便宜；習慣差的，到了路口打著左轉燈卻向右轉的人，就應該多交錢。

按照公里數來賣車險，按照行車習慣來訂價，這些形式不管是叫網路金融還是科技金融，其實都是根據數據，使用一套更有效的風險買賣模型，把車主的行車風險給買走。車主因此更省錢，而保險公司因此更賺錢。

最後，回到創業問題上來。在網路金融或科技金融領域，我們應該怎麼創業呢？先找到自己的如意金箍棒——更高效的風險買賣模型，並以此為核心競爭力，一路西行。否則，別去創業。

KEYPOINT

網路金融或科技金融

本質上就是擁有更高效的風險買賣模型的金融。其實，金融的本質從來沒有變過，只是自大到認為自己可以藐視其本質的人愈來愈多。

筆記時間

第 2 篇

PART
TWO

第六章

企業能量模型之產品

你陪客戶喝酒，是因為做產品沒有流汗——**企業能量模型**

不被消費者優先選擇的，不叫品牌，叫商標——**品牌容器**

長尾爆款，才是真正的未來——**爆款**

轉身，成為用戶的代言人——**用戶代言人**

用最快的速度、最低的成本犯錯——**最小可行產品**

1 你陪客戶喝酒，是因為做產品沒有流汗——企業能量模型

要把企業做好，先要保證產品的創意、獨特性和品質，然後通過行銷和通路獲得用户覆蓋。想清楚產品、行銷、通路，哪一個對企業更重要。

在《劉潤．5分鐘商學院》後台的留言裡，我看到一則提問，大意是這樣：我在一個傳統行業裡看不到前景。第一，原物料價格高，導致利潤下降；第二，市場飽和，進入者太多，導致價格下降；第三，業務全靠關係，有時還拿不到錢；第四，人才很難找，薪資高卻沒有責任心。請問，我應該如何借助網路，找到出路？

每次看到這樣的問題，我都會深深嘆一口氣。很想幫助他，但不知道從何說起。他的問題是網路可以解決的嗎？商業世界很美妙，但也有弱肉強食的殘酷一面。可是對不少「弱肉」來說，他們的問題首先不是弱，而是根本不知道自己弱在哪裡。

接下來，我將從產品、訂價、行銷、通路四個角度，系統性的解構一家企業的具體商業行為。為了回答「我在哪裡弱，應該在哪裡強」的問題，先給大家介紹「企業能量模型」。

想像一下，一個人正在推著巨石上山。做產品，就是把這塊千鈞之石推上萬仞之巔，獲得盡可能大的勢能，然後在最高點一把推下去，用行銷和通路減小阻力，把勢能轉化為最大的動能，獲得盡可能深遠的用戶覆蓋。這就是企業能量模型。

理解了這個概念之後，我們也許會立刻明白，要把企業做好，就是要做三件事情：

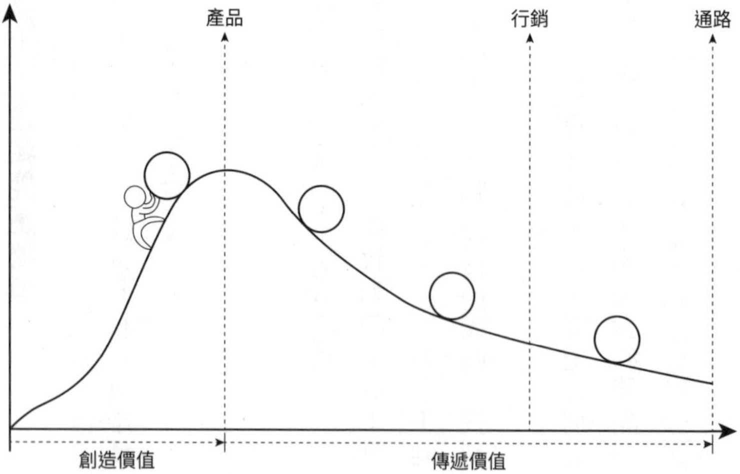

第一，把產品這塊巨石推得愈高愈好。**產品的創意、獨特性和品質，或者說它積蓄的勢能，決定了它最高可以達到的銷售量級**。沒有勢能的產品是賣不出去的，就算能賣幾件，其實賣的也不是產品，而是人情。

第二，人在山頂一推，巨石開始下滑，勢能轉化為動能。行銷，就是用來減少下滑阻力的。廣告、公關、線下活動、熱點行銷、加入行業協會、拿各種獎項等，都是為了提高客戶對產品的優先選擇機率。

第三，巨石開始水平滾動。這個時候，需要用通路繼續減小阻力，通過大量布設銷售端的方式，比如線上、線下、電話、網路、上門推銷，甚至去田間地頭走訪，激起消費者的購買欲望，從而使產品唾手可及。

產品、行銷、通路，這三件事情，哪一件最重要？其實這個問題本身是有問題的，我們只能問：這三件事情，哪一件對你最重要？

回到最開始的聽眾提問上來。他的根本問題是產品勢能不足。產品不足，行銷補；行銷不足，通路補，最後只好陪客戶喝酒、吃飯、靠關係，但還是賣不出去。喝酒、吃飯、靠關係都賣不出去的東西，網路也幫不上什麼大忙。

對企業能量模型不偏不倚的自我認知，非常重要。「弱肉」必須知道自己弱在哪裡，才能變強。

企業的問題，到底是因為能量水平不夠，還是因為轉化效率不高？我問過很多企業家這個問題，他們會認真的想一想，再告訴我：我們企業的核心價值，是擁有與眾不同的好產品。然後我接著問：你們企業的研發團隊規模大，還是銷售團隊規模大？是產品團隊的話語權大，還是行銷團隊的話語權大？企業在全國各地創辦分公司，是為了網聚本地研發人才，還是為了擴大在當地的市場規模？銷售需要請客戶吃飯、陪客戶喝酒嗎？酒量大、酒品好、酒膽高的員工，因為過度飲酒導致去醫院吊點滴、洗胃的員工，在公司裡會有自豪感，甚至獲得公司的感激嗎？

聽到這些問題之後，不少企業家開始冒冷汗，然後慢慢意識到，其實他們的核心能力不是產品，而是依靠銷售和通路。其實，我們身邊大部分做得不錯的公司，都是「六十分的產品，九十分的行銷」，但他們自己卻認為是「九十分的產品，六十分的行銷」。這就像很多土豪希望別人把自己看成貴族一樣，很多通路型公司希望被認為是產品型公司。

KEYPOINT

企業能量模型

產品生產勢能，行銷和通路把勢能轉化為動能。企業需要對能量模型有不偏不倚的自我認知，理解自己的能量水平和轉化效率，然後思考產品、行銷和通路，到底哪一個對企業來說最重要，有目的的加強最重要的部分。

2 不被消費者優先選擇的，不叫品牌，叫商標——品牌容器

想建立品牌，可以從三個方面努力：我的產品和別人的不一樣；我的產品比別人的更顯檔次；我的產品質量是最好的。

我的一位朋友在了解「交易成本」的概念後，對我說：「真是太有道理了！我們公司的產品非常好，各項指標都是業內第一，但是客戶搜尋、了解、信任，到最後購買的交易成本非常高。你說該怎麼辦？」

我說：「客戶之所以要付出這麼高的交易成本，是因為對你們公司的產品不了解、不信任、不偏好。所以，他必須花大力氣在很多產品中做比較，交易成本當然很高。要想降低交易成本，就要把『了解、信任、偏好』從產品中提取出來，裝到一個容器裡。這個容器愈滿，客戶就愈會毫不猶豫的購買，交易成本就會大大降低。」

這個容器叫作「品牌」。

品牌的英文是brand，在古挪威文中的意思是「烙印」，古代人用這種方式來標

記家畜等私有財產。到了中世紀，歐洲手工藝者用這種方法在自己的作品上烙印標記，以便識別，於是就有了「品牌」。如果產品好，用戶就會把他的喜愛積累在這個烙印標誌上，省去「搜尋、了解、信任」的過程，直接購買。對手工藝者來說，也就節省了交易成本。

舉個例子，一個人去逛家電商場，看中一台「海爾」冰箱，耗電量、容量等都符合要求，售價兩千元。剛要買，一個售貨員走過來告訴他：千萬別買啊，海爾的冰箱都是我們給代工的，你看我們這台，耗電量、容量，甚至材質都完全一樣，我們只賣一千五百元，買我們這台吧。

這種情況下，你會買哪一台？如果是我，我還是會選海爾。為什麼？因為雖然售貨員說是「完全一樣」，但我不是專家，我需要花很多時間去了解，然後基於了解產生信任，基於信任產生偏好。這個過程，就是買那台沒有品牌的冰箱的交易成本，我為此花費的金錢、時間估計會超過八百元。而海爾通過多年的運營，把「了解、信任、偏好」都裝進了這個叫「海爾」的品牌容器裡，我看到這兩個字，就直接產生偏好，雖然貴了五百元，但是相對於無牌工廠的八百元交易成本，還是便宜的。

所以，**品牌是一個容器，一個裝載消費者「了解、信任、偏好」的容器。愈是**

從了解到信任，再到偏好，這個容器的價值就愈大。不能被消費者優先選擇的，不叫品牌，叫商標。

那麼，怎麼才能建立品牌容器，並降低交易成本呢？有三種方法。

第一，從產品中抽取一種叫作「品類」的特殊價值，裝進品牌容器。

品類，指的是「我的產品和別人的不是一類」。這個產品解決的也許是很細分但很獨特的客戶需求，客戶在這個細分品類的選擇上，因為對產品的了解而愈來愈信任，最後產生偏好。比如「怕上火，就喝王老吉」，市場上的飲料有無數種，但是王老吉創立了一個涼茶品類，然後通過廣告、行銷、贊助綜藝節目等，不斷往品牌容器裡注入品類價值，讓消費者最終產生偏好。美國行銷戰略家傑克·屈特（Jack Trout）甚至根據品類價值，提出了著名的「定位」理論。

第二，往品牌容器裡注入「品位」價值。

品位價值比較感性。有些人特別喜歡一個品牌，是因為它的品牌故事，比如香奈兒（CHANEL）創始人香奈兒女士的才華、名利、戀情和女權思想一直被人們津津樂道。也有人喜歡的是品牌背後的設計模式，比如路易威登包經典耐看的圖案、古馳（GUCCI）時裝的性感奢華。還有人喜歡品牌帶來的同伴認可，比如戴上萬國

（IWC）手錶能讓朋友們覺得很有品位。品位價值，甚至產生了前面講過的范伯倫效應——不買最好，只買最貴。

第三，往品牌容器裡注入「品質」價值。

二十世紀八〇年代初，日本經濟增長處於停滯狀態。一九八三年，無印良品應運而生，它的口號是「物有所值」，強調品質價值。無印良品的產品包裝設計非常簡潔，去掉一切不必要的加工、顏色和商標，降低了成本和價格。強調「去品牌溢價」，僅突出品質的無印良品，今天反而因此成為著名品牌。海爾也是如此，它的品牌容器裡滿滿都是品質價值。

KEYPOINT

品牌

品牌是一個容器，承載著消費者的「了解、信任、偏好」。不能被消費者優先選擇的，不叫品牌，叫商標。建設品牌，努力是必需的。但在努力之前，首先要想清楚打算往品牌容器裡注入什麼：是品類價值，「我和別人不一樣」；是品位價值，「我比別人更顯檔次」；還是品質價值，「我的質量最好」。

3 長尾爆款，才是真正的未來——爆款

想做到贏家通吃，先要找到足夠細小的長尾，抓住長尾需求裡最大的痛點，然後利用網路的一切手段，蒐集本來接觸不到的長尾用戶，把小需求變成大市場。

一家創業公司擁有一項保護視力的發光二極管（LED）照明專利，一心想做好護眼檯燈。公司的執行長有兩個選擇：第一是盡可能覆蓋，做各種價位、各種款式的護眼燈，幾十款砸向市場，必有一款適合用戶；第二是只做一款，並傾盡全力把它打造成「爆款」[16]。

覆蓋長尾需求，還是做爆款？

二〇〇六年，克里斯．安德森（Chris Anderson）的《長尾理論》（*The Long Tail*）

16　爆款：又稱「超級強檔商品」。在商品銷售中，熱賣長銷、供不應求的產品。

紅遍全球。但是，在過去十年裡，長尾理論沒少受質疑。終於，二〇一三年，艾妮塔·艾爾伯斯（Anita Elberse）通過《超熱賣商品的祕密》（*Blockbusters: Hit-Making, Risk-Taking, and the Big Business of Entertainment*）一書宣布：長尾理論錯了，爆款才是未來。

什麼叫爆款？

艾妮塔舉了個例子：華納兄弟前總裁霍恩（Alan Horn），每年都把大比例的預算投在小部分他認為的爆款上。這種豪賭當然是有風險的，賭對了，賺得盆滿鉢滿；賭錯了，血本無歸。

那麼，豪賭的策略真的有效嗎？

隨著《哈利波特》、《黑暗騎士》等系列，以及《全面啟動》等超級大片的問世，二〇一一年，華納兄弟創下了歷史上唯一連續十一年全美票房超過十億美元的紀錄，獲得了巨大的成功。這種將大比例的資金投注在小部分產品上的策略，就被稱為「爆款策略」。

谷歌前執行長施密特（Eric Emerson Schmidt）也說，網路讓本來只能在美國有名的籃球明星變得全球知名，成為更大的頭部。**網路不但沒有讓關注流向長尾，反而更加聚向了頭部。**

再比如，《劉潤．5分鐘商學院》在「得到」應用程式（App）的幫助下，蒐集潛在學員的邊際成本急遽降低，十天就招募了兩萬學員，瞬間成為全中國最大的私人商學院，變成爆款。

之所以會出現爆款，就是因為在網路時代，產品生產和銷售的邊際成本急遽降低，導致最優秀的頭部產品可以在其覆蓋的市場裡贏家通吃。

這是不是說明長尾理論已死呢？那你就錯了，其實長尾理論和爆款從來都不矛盾。

比如，雖然華納兄弟因為網路的集中資源，在電影市場贏家通吃，但同樣也因為網路，開始出現了「網劇」這種小人物拍大電影的長尾，有《萬萬沒想到》，有谷阿莫講電影，還有papi醬……很多人根本不用走進電影院，就能享受娛樂。

再比如，雖然籃球明星因為網路，從美國的頭部變為全球的頭部，但同樣也因為網路，一些美國人發現除了籃球之外，日本的棒球也挺好看的，中國的乒乓球也不錯，歐洲的足球也很好……流向別的長尾體育，可能連籃球都不看了。

還比如《劉潤．5分鐘商學院》，過去線上講課太長尾，沒人願意做，即使做了也不會有幾個人訂閱，不賺錢。所以大家只能走進線下的商學院，花巨額成本去學習。現在因為網路，我們有機會在「得到」應用程式上把長尾需求高效的蒐集起來，開創一個本來不存在的品類，並成為這個品類裡的爆款。

長尾理論和爆款，是「邊際成本」這枚硬幣的兩面。網路帶來了邊際成本的急遽降低，導致長尾需求愈來愈容易被蒐集，而好的產品也愈來愈容易贏家通吃，形成「需求間愈來愈長尾，需求內愈來愈爆款」的現象。

找到一個長尾需求，做成爆款，我稱之為「長尾爆款」，這才是真正的未來。

回到最開始的創業公司的問題上來。公司的執行長也許可以考慮這種策略：從過去滿足大眾需求的檯燈市場所不能完全覆蓋的長尾中，尋找一種自己最擅長的，然後一頭扎下去，做到最好，成為爆款。具體來說，有三個建議：

第一，找到足夠細小的長尾。比如這款護眼燈是給孩子用的，還是給老人用的？是放在書房的，還是放在床頭的？是插電的，還是帶電池的？不要希望做成全民爆款。就連以做爆款著稱的小米公司，在小米手機之後，都出了紅米系列、Note系列、Max系列，以及C系列、S系列、青春系列等無數型號，覆蓋足夠的長尾需求。

第二，**抓住最長尾的需求裡最大眾的痛點**。產品必須真正解決一個問題，而且是解決得最好的。比如行李箱，必須是所有能帶上飛機的箱子中，收納設計最科學的，一寸空間也不浪費，「誰都沒有我能裝」。

第三，利用網路降低邊際成本。借助電商平台、社交媒體、口碑行銷等一切手段，蒐集本來接觸不到的長尾用戶，把小需求變成大市場。

KEYPOINT

爆款

把大比例資金投注在小部分產品上，以期贏家通吃。做到贏家通吃，需要注意三點：第一，找到足夠細小的長尾；第二，滿足最長尾的需求裡最大眾的痛點；第三，利用網路降低邊際成本。

4 轉身，成為用戶的代言人──用戶代言人

用户為王的時代，企業要變成用户的代言人，才能獲得更大的成功。可以設立產品經理的職位，由產品經理代表用户，和其他部門「戰鬥」。還可以考慮為每個用户訂製專屬產品。

有一次，我去參訪一家傳統企業，看見他們牆上印著一句話：用戶就是上帝。這句話如此常見，但似乎又有久違的感覺。我心血來潮的和企業老闆討論起來：用戶真的是上帝嗎？他說：「當然，我們一切的努力都是為了讓用戶滿意。用戶滿意了，我們才有存在的價值。」

我接著問：「如果用戶只有離開你，投奔競爭對手才滿意，你還讓他滿意嗎？如果企業必須把所有利潤都讓給用戶，他才滿意，你還讓他滿意嗎？如果用戶是上帝的話，那麼『用戶忠誠度』又從何談起？只有人對上帝忠誠，上帝怎麼可能對某個人忠誠呢？」

在產品為王、通路為王的時代，用戶從來都不是上帝，他們只是被企業善待的「提款機」——善待你，是因為你吐錢。

那麼，什麼時候用戶才是上帝呢？當進入用戶為王的時代，用戶真正掌握了選擇權，動動手指頭就能對企業生殺予奪，這個時候，他才是上帝。也就是說，當用戶可以輕輕鬆鬆從一個平台、一個產品切換到另一個平台、另一個產品，而企業每天因此如臨大敵、如履薄冰的時候，用戶才是上帝。

網路極大的降低了交易成本、邊際成本，把所有產品恭恭敬敬的呈現在用戶面前，等待用戶選擇、寵幸，用戶為王的時代就到來了。

這樣的時代，應該怎麼做商業？轉身，**從產品的代理人，變成用戶的代言人。**

舉個例子，我在《傳統企業，互聯網在踢門》這本書裡寫過：過去，計程車在路上行駛，在司機的視野範圍內，看到誰就接誰，這是計程車司機B2C（Business to Customer，即「商對客」）的世界觀。有了叫車軟體之後，用戶只要點「我要用車」，所有的計程車都會跑過來供用戶選擇，這是C2B（Customer to Business，即「客對商」）的世界觀。尤其是專車，用戶上車後，司機會問：「你冷不冷？要不要喝水？車上有Wi-Fi，用不用？」為什麼這麼體貼？因為用戶下車後可以評價，評價差的司機，接下一單活就會變得很困難。「滴滴打車」這麼紅，其本質就是把選擇權從司機手上奪過來，交給了用戶——它轉身把自己從司機代理人的角色，變成用戶的代言人。

再比如，上海有一個做生鮮水果的社群電商，叫「蟲媽鄰里團」，他們先讓微信群裡的用戶下單，然後帶著用戶需求去一級批發市場和商家談判，幫助用戶以低價買到想吃的優質水果。蟲媽鄰里團還曾嘗試繞過批發市場，直接去農村包下草莓大棚，讓用戶因此買到又好吃又安全又便宜的草莓。

還有「必要商城」，把一群願意為品質買單，但不願為品牌溢價付費的用戶聚集起來，帶著他們的需求，去找中國一流的代工廠訂製商品。必要商城與某品牌眼鏡代工廠聯合推出的運動眼鏡售價兩百五十九元，而相同配置的帶有此品牌標誌的眼鏡，據說市場價高達幾千元。某品牌代工廠生產的男鞋，在必要商城只賣三四百元，而市場上相同品質的此品牌男鞋售價兩三千元。

這樣的例子還有很多，支付寶也是其中之一。淘寶取得成功的核心，就在於它開發了擔保交易手段——支付寶。支付寶的邏輯是：買家一下單，貨款就匯到支付寶平台鎖死，而不是支付給賣家；等買家確認收貨後，賣家才能拿到錢。支付寶無條件的傾向於買家，成為買家的代言人，並獲得了巨大成功。

那麼，企業要怎麼轉身，才能變成用戶的代言人呢？

第一，可以學習網路公司或者軟體公司，設立「產品經理」職位。這個職位，本質是用戶在公司內的代表。公司不應該考核產品經理的銷售水平，而只考核他在多大程度上真正代表了用戶，並據此和其他部門「戰鬥」。微軟有個著名的「三駕馬車」理論：產品經理、開發、測試，就是三駕馬車，產品經理代表用戶，開發代表產品，測試代表質量，彼此制約，迭代前行。

第二，在講述爆款時，我們說過，抓住長尾需求裡最大的痛點，就有機會產生爆款。但是，爆款思維還是工業時代的思維，在用戶為王的時代，基於工業化四・〇的發展，我們可以考慮：如何為每一個用戶都訂製只為他生產的產品。不是第一，而是唯一，從而消滅爆款。這就是馬雲所說的C2B。就像紅領服飾用柔性生產線來生產私人訂製的西裝，海爾用無燈工廠生產私人訂製的洗衣機一樣。

KEYPOINT

用戶代言人

產品為王、通路為王的時代遠去，會導致用戶開始真正掌握對企業的生殺予奪大權。從B2C的思路走向C2B，就是成為「用戶代言人」。公司內部可以設立「產品經理」一職位，或者在某些條件具備的行業，從B2C的爆款思路轉變為C2B的大規模私人訂製思路。

5 用最快的速度、最低的成本犯錯——最小可行產品

明知會犯錯，在少部分人那裡，用最低的成本不斷摔倒，再從用戶的真實反饋中爬起來，才有機會做出真正受歡迎的產品。

我有個曾經在微軟工作的老同事，現在在網路領域創業。有一次聚會聊天，他神祕兮兮的說：「我正在做一個產品，非常好，一定會大受歡迎。」我很有興趣的問他能不能透露產品是什麼，他說：「對不起，不能透露。我們正在祕密的憋著大招呢，一年之後正式推出時，大家一定會驚歎的。」聽他這麼說，我心裡一涼。當然，我祝願他獲得巨大的成功，但卻隱隱有種不祥的預感。

前面我們講過，網路時代的資訊愈來愈對稱，愈來愈少有什麼東西是你知道而別人不知道的，就算有，一年之後也都不新鮮了。要麼是客戶需求早就變了，要麼是所謂的「祕密」早就路人皆知了。

應該怎麼辦呢？其實，我們可以試著用一種叫「最小可行產品」（Minimum

Viable Product，MVP）的邏輯來做產品。

最小可行產品，是美國作家艾瑞克・萊斯（Eric Ries）在他的著作《精實創業》（*The Lean Startup*）裡提出的概念，指的是實現演示或使用功能的最簡單的產品形態。

舉個例子，小米公司於二〇一〇年成立後，推出了一款基於安卓（Android）深度訂製的智慧型手機操作系統 MIUI，因為該系統很符合中國用戶的使用習慣，推出後，在發燒友群體中引起了巨大的反響。因此，小米在推出手機產品的時候，使用了一個非常重要的策略：操作系統每週更新。小米每週五會通過網路推送更新，由發燒友們率先使用，並積極的與小米互動，提出很多修改意見。小米再根據這些意見快速修改，下週五繼續推送新版本。如此往復，幾乎從不間斷。今天的 MIUI 系統，不是小米工程師設計出來的，而是和用戶共創，自然生長出來的。

我問小米的聯合創始人，也是 MIUI 的兩代負責人黎萬強和洪鋒：「讓你們在家裡憋大招憋一年，能設計出今天這些受用戶喜愛的功能嗎？」他們都說不能，只有用戶自己能。

所以，千萬不要自大到以為了解消費者。你只是了解自己，並以為自己可以代表消費者而已。面對多變的用戶，要相信你的產品一定會犯錯。最小可行產品，其實就是加快犯錯的速度，當然同時也加快了糾正的速度。不斷互動，蒐集反饋，快速迭代，讓產品「長」成用戶需要的樣子。

那麼，應該怎麼使用最小可行產品的邏輯來做產品呢？給大家幾個建議。

第一，最小可行產品，甚至可以不是一個產品。

矽谷有一家做文件分享的雲端儲存公司Dropbox，它的創始人有了這個想法之後，並沒有立即組織團隊把產品開發出來，然後到處宣傳。**創業者有一個非常大的忌諱，就是愛上自己的想法，而不是愛上用戶的需求**。於是，他拍攝了一段三分鐘的視頻，親自做旁白，演示這個想法。這段視頻引來了幾十萬人的關注，大量關注者（還不能算是用戶）給他提意見，讓他了解用戶的真實需求，產品公測版的排隊名單一夜之間從五千人漲到了七萬五千人。這段視頻就是最小可行產品，用最經濟的方式、最快的速度犯錯，並且糾正。

第二，也可以嘗試小範圍的試用。

美國有一家叫作「桌上美食」的美食訂製公司，打算通過系統計算出最匹配每個家庭的食譜，然後通過這些食譜賣打折食材。大家一眼就能看明白，這個商業模式最核心之處在於：系統計算出來的食譜靠譜嗎？剛開始，公司好不容易找到一位早期使用者，執行長每週都親自登門拜訪，團隊以人工的方式分析其喜好，給他配食譜，然後聽取反饋。這麼做看似很低效，卻對系統的算法有很大幫助。隨著用戶愈來愈多，團隊無法再進行人工分析時，規模化、標準化才提上日程，最終打造出了一款影響力巨大的服務產品。

明知會犯錯，在少部分人那裡，用最低的成本不斷摔倒，再從用戶的真實反饋中爬起來，才有機會做出真正受歡迎的產品。

最後提醒一點：不是所有行業都適用最小可行產品的邏輯。我曾經給大亞灣核電廠的員工授課，看到他們牆上貼著一張海報「一次性把事情做對」。這句話說得好，我很難想像按照最小可行產品的邏輯來做，核電廠將會是什麼樣的場景。

KEYPOINT

最小可行產品

這是《精實創業》裡提出的一個概念，即通過做能滿足最基本功能的產品，不斷接受用戶反饋，快速迭代，直到做出真正符合需求的好產品。關於最小可行產品，有兩點值得注意：第一，不要認為你真的了解用戶。賈伯斯也許可以，但大部分人不是賈伯斯。既然不了解，一定要犯錯，那就拋出最小可行產品，以最快的速度、最低的成本犯錯，然後再快速改正。第二，不是所有行業都適用最小可行產品的邏輯。

筆記時間

第七章

企業能量模型之訂價

把自己逼瘋，把對手逼死——**滲透訂價法**

為什麼手機愈賣愈便宜——**撇脂訂價法**

自己裝配汽車花的錢，能買十二輛車——**組合訂價法**

讓有錢人為同一件商品多付錢——**差別訂價**

訂價權能交給消費者嗎——**競標訂價法**

1 把自己逼瘋，把對手逼死——滲透訂價法

如果市場足夠大，消費者對價格很敏感，就可以用大量生產來降低成本，低價進入市場，盡量獲得極高的銷售和市場占有率，同時阻止競爭者進入，提升競爭力。

前一章講的是產品（product），在產品之後，本來應該接著講行銷（promotion）和通路（place），但這裡要插入價格（price），因為價格是產品和行銷、通路的連接者。有人把這四個要素加在一起，稱為「4P」理論。

價格理論裡，有一個聽上去最簡單，但其實最瘋狂的價格策略：滲透訂價法。

我的朋友葉國富做了很多年的少女飾品品牌「哎呀呀」，一年收入七八億，不算特別多，但也不少了。二〇一三年，他決定再創業，做個新的日用品零售品牌「名創優品」。這就涉及訂價的問題。後面我們會講「倍率之刀」，中國商品的平均定倍率大約是四倍，而日用品周轉快、銷量大，定倍率可以相對較低，所以日用品行

業的平均定倍率大約是三倍。

究竟應該訂多少呢？葉國富決定，使用滲透訂價法。滲透訂價法，就是以低價進入市場，把價量之秤的砝碼加到量的極致，獲得極高的銷售和占有率，從而降低成本，又因成本的降低，價格得以繼續下降的訂價方法。

但是，多低算是「低」呢？葉國富一咬牙：一倍定倍率。也就是說，零售價等於出廠價。這也太瘋狂了吧，能做到嗎？

葉國富用兩年時間，開了一千一百多家名創優品的店面，然後聚合這些店面的訂貨量，去和工廠談。別的商家拿一次貨都是二三十箱，他一次要一萬箱，工廠當然高興壞了。但同時，他也提了一個條件：在同品質的情況下，價格要降為原來的一半。

過去，工廠很在乎毛利率，但是面對如此大的訂單量，就更在乎利潤的絕對值了。而且，工廠還可以用這個訂單量上的優勢跟上游原物料企業談判，壓低進貨價。所以，不少工廠還是可以接受這個出廠價的。

名創優品在出廠價的基礎上加百分之八到十的毛利，覆蓋總部運營成本、中國七大倉庫運營成本等，然後直接供貨給一千一百多家店面，用資訊科技產業

（Information Technology，IT）系統去掉一切中間代理。店面加百分之三十二至三十八的毛利，覆蓋店員薪資、租金、水電和最後一段物流。所以，別的商家是一元的出廠價，賣三元；而名創優品是〇．五元的出廠價加百分之十，再加百分之三十八，最後賣到消費者手中，價格還不到一元，比一些商家的出廠價還低。

這種模式能賺錢嗎？關鍵是量。價量之秤撥到了極致，只要周轉率足夠高，銷量極其大，一年銷售十億以上，就能賺錢。

我問葉國富為什麼要把自己逼瘋，他說：「因為我要把對手逼死。」名創優品於二〇一三年年底創立，到二〇一五年年底，年收入已經近六十億元，二〇一六年的收入會將近一百億元。

這就是滲透訂價法。它的缺點是企業只能獲取極低毛利，但同時也有兩個顯著優點：首先，低價可以使產品盡快被市場接受，並借助大批量銷售來降低成本，獲得長期穩定的市場地位；其次，微利阻止了競爭者進入，增強了自身的市場競爭力。

還有一個例子，惠普公司研發了一款高科技印表機，讓他們糾結的是：是憑借新技術優勢，以兩百五十美元的高價入市呢，還是保持一百八十五美元的常規售價不變呢？當時市場上的印表機大約一百五十美元，惠普的新印表機雖然技術領先，但如果訂價兩百五十美元，暴利的誘惑會吸引大批追隨者進入，一窩蜂的投入巨資研發，然後大家為了市場份額，必然會引發價格戰，導致市場極度混亂，直接損害惠普的優勢。最後，這款印表機維持一百八十五美元的售價不變，用這樣的方法嚇退了追隨者。如果真有競爭對手強行進入，惠普就會立刻降價到一百六十美元，讓對手無法收回成本。

可口可樂進入中國後，也一直採用滲透訂價法，以相對的低價迅速占領市場。後來，百事可樂也進入中國，但作為市場的追隨者，他們在訂價上只能跟隨。由於市場份額小，還需要投入很多宣傳來吸引消費者，導致百事可樂進入中國後十幾年一直沒贏利。這就是可口可樂的滲透訂價策略。

滲透訂價法的極致，就是免費。雷軍曾經說過：網路公司從來不打價格戰，我們直接免費。

KEYPOINT

滲透訂價法

用微利的價格，快速獲得市場份額，並嚇退競爭對手。在使用這種犧牲利潤、獲得市場的滲透訂價法時，需要注意幾點：第一，這個市場必須足夠大；第二，消費者對價格敏感，而不是對品牌敏感；第三，大量生產，才能降低成本；第四，低價策略真的能嚇退現存及潛在的競爭對手。

2 為什麼手機愈賣愈便宜——撇脂訂價法

如果企業因為品牌、科技、創新、創意而擁有訂價權，就可以在新產品推向市場時，利用一部分消費者的求新心理，訂一個高價，先賺取高額利潤，再把價格降下來。

有一次，我在網上看到一個故事，感覺恍若隔世。一位網友回憶說，一九八八年的時候，海倫仙度斯洗髮精被當作奢侈品來賣。當時她媽媽的月薪只有一百二十八元，而一瓶海倫仙度斯售價二十八元，比家裡一個月買菜、買肉的錢加起來還多。所以，那個時候家裡人都覺得，用海倫仙度斯洗過的頭髮就是不一樣。她還常常向同學炫耀：你聞聞，不一樣吧！

到了今天，就算把海倫仙度斯當作福利送給員工，估計很多公司都拿不出手。

為什麼會這樣？是因為當時生產成本高，所以貴；而今天科技進步，成本降低，所以便宜了嗎？並不是。因為當年寶僑公司進入中國時，選擇了用一種叫「撇脂訂價法」的訂價策略切入市場。

什麼是撇脂訂價法？

舉個例子，「二戰」結束後的第一個聖誕節，美國消費者很希望能買到一些新奇別緻的商品，送給朋友、家人和自己作為禮物，渡過這個來之不易的和平聖誕。雷諾公司（REYNOLDS）看準了這個機遇，他們從阿根廷引進了一種叫「原子筆」的神奇產品。

有的人可能感到驚訝：原子筆有什麼神奇的啊？是的，原子筆在今天是再平常不過的東西了，但在當時，美國人卻從沒見過。

雷諾公司在美國量產原子筆，成本只有〇．五美元。但是，怎麼訂價呢？是採用滲透訂價法，〇．五美元的成本，賣〇．五五美元，繼而阻擋其他競爭對手進入這個市場嗎？雷諾公司可不是這麼想的，他們決定把原子筆以十美元的價格批發給零售商，零售商再以二十美元的價格賣給消費者。他們認為，原子筆這東西在美國是新鮮事物，大家都沒見過，奇貨可居，而且又趕上聖誕節，賣多貴都有人買。果然，這個成本價〇．五美元，零售價二十美元，定倍率高達四十倍的產品，風靡全美國。

當然，後來競爭對手蜂擁而至，原子筆的生產成本也從〇．五美元降到〇．一美元，而市場價也因為激烈競爭降到了〇．七美元。但是，雷諾公司早已賺得盆滿缽滿了。

雷諾公司使用的就是著名的撇脂訂價法。

撇脂訂價法，指的是當生產工廠把新產品推向市場時，利用一部分消費者的求新心理，訂一個高價，就像撇取牛奶上面的那一層脂肪一樣，先從一部分消費者那裡取得高額利潤，然後再把價格降下來，以適應大眾的需求水平。所以，**撇脂訂價法又被稱為「高價法」，是一種與滲透訂價法截然相反的訂價策略。**

這種訂價策略有幾個特點：第一，可以實現短期利潤最大化；第二，可以用高價格提高產品身價，激起消費者的購買欲；第三，可以用高價控制市場的成長速度，使當時的生產能力足以應付需求，減緩供求矛盾；第四，為價格下調留出空間。

哪些行業可以使用撇脂訂價法？具體怎麼運用呢？

在過去，使用撇脂訂價法最多的行業是高科技行業。比如英特爾的晶片、諾基亞的手機和索尼的彩色電視等。這些行業天然符合撇脂訂價法能夠成立的幾個前提：第一，因為高科技產品通常酷炫新奇，所以消費者願意接受較高價格；第二，高科技產品雖然貴，但還沒有貴到像房地產一樣，大部分消費者是有能力支付的；第三，沒有採取較低訂價的競爭對手存在。高科技產品通常有一定的技術先發優勢，競爭對手跟進需要時間，所以給先入者留下了一個「撇脂」的時間窗口。

當然，在高科技行業，也有小米這樣使用滲透訂價法的高手，不按照行業規則出牌，對所有撇脂訂價市場發起攻擊。今天的中國高科技市場，從訂價策略角度看，本質上是在價量之秤戰場上的撇脂訂價法與滲透訂價法之戰。

KEYPOINT

撇脂訂價法

產品如果能使消費者感到新奇，也能付得起錢，在還沒有競爭對手的情況下，用高訂價進入市場，獲得超額收益，然後隨著市場的變化，不斷降價。

撇脂訂價法的好處顯而易見，可以獲得超額利潤；壞處也顯而易見，簡直就是邀請競爭對手入場的鑲金邊的邀請函，而且根據價量之秤的邏輯，會犧牲一定的銷量。撇脂訂價法是擁有訂價權的產品提款的手段，與沒有訂價權的產品基本無關。

3

自己裝配汽車花的錢，能買十二輛車——組合訂價法

想要獲取最大銷售利益，記住一套組合訂價拳法：產品線訂價、備選品訂價、專用配件訂價、副產品訂價、配套式訂價、分段式訂價和不二價訂價。

一個人去速食店吃飯，看見推出了一種新的漢堡，售價十八元；一份薯條，售價十元；一杯可樂，售價八元。他覺得挺貴，再往下看，有一份超級套餐包含漢堡、薯條和可樂，一共才十五元。他懷疑自己看錯了，包含漢堡的套餐居然比單獨的漢堡還便宜，趕緊買套餐，占了個大便宜！

這時，有的人可能想起了「錨定效應」，單個漢堡標價十八元，就是為了讓消費者覺得套餐便宜。消費者立刻從考慮「要不要吃」變成了選擇「吃漢堡，還是吃套餐」，最後毫不猶豫的選擇套餐。速食店通過組合的方式，實現了有效的訂價。

我們前面講過的錨定效應、二段收費，在這裡要變成一套拳法，叫作「組合訂

價法」。

組合訂價法，就是把各種各樣的訂價招數組合起來使用。**這套組合訂價的拳法有七招**，我們來一招一招拆解。

第一招，產品線訂價。

比如電視，從三十英吋、四十英吋、五十英吋、六十英吋，一直到一百二十英吋，甚至每個尺寸裡再區分低等配置、中等配置和高等配置，仔細平衡消費者對價格的承受力、產品差異帶來的價值感和生產成本之間的關係，使消費者的購買範圍最大化。即便在爆品時代，這依然是在大多數情況下有效的商業策略。

這種訂價策略還可以用在服裝上，分為高、中、低檔；用在雜誌、圖書上，分為平裝版、精裝版、收藏版等。

第二招，備選品訂價。

比如，你一不小心把手機螢幕摔壞了，拿去修理時發現，換個螢幕的價格居然和重新買隻手機的價格差不多。再比如某國際品牌轎車，如果把配件買回來，自己組裝一輛車，價格是購買整輛車的十二倍。成品便宜，而把備選品（也就是配件）的價格訂得遠高於成本，就是所謂的「備選品訂價」。這種訂價策略還可以用在餐飲業，就像燒烤便宜，啤酒貴，因為大家吃完燒烤通常會口渴，所以啤酒成為燒烤店的利潤點。

第三招，專用配件訂價。

最著名的例子是吉列刮鬍刀和惠普印表機。吉列的刮鬍刀架、惠普的噴墨印表機都很便宜，之所以這麼訂價，是想通過與產品互補的、需要不斷消耗的刀片和印表機墨水匣來賺錢。所有的免費，都是「二段收費」。網路領域的免費，尤其是遊戲，基本都是專用配件訂價。這種訂價策略還可以用在空氣淨化器、淨水器、膠囊咖啡機等需要持續購買耗材的產品上。

第四招，副產品訂價。

比如買一條大頭鰱，魚販一刀把魚頭剁下來，魚身的價格可以便宜很多，因為魚頭更有價值。所以，為了魚頭這個更有價值的「副產品」，魚販可以把魚的其他部分賣得更便宜些。這種訂價策略還可以用在肉類、石油、化工等行業，因為常常伴有副產品。假如副產品的價值高，就可以把主產品訂低價，從而占領更多的市場份額；而把副產品訂高價，從而獲得利潤。

第五招，配套式訂價。

比如開頭說到的速食店利用錨定效應的心理推銷套餐，這就是一種配套式訂價。還有電影院銷售年票、健身房銷售年卡等，都是配套價格比單次購買便宜得多的配套式訂價。這種配套式訂價，可以用在幾乎所有零售行業，比如超市門口的水果禮盒，情人節花束，全套的文具盒，搭配了語音、簡訊、上網時間的電信套餐等。

第六招，分段式訂價。

進遊樂園需要先買門票，遊樂園裡的一些特殊項目再額外收費，這就是典型的分段式訂價。以前安裝電話時，都要先交申裝費，打電話時再按分鐘另行收費。後來變成每月交月租費，然後再按分鐘收費。這種訂價策略可以用於自助餐廳，除一口價之外，特別菜品單獨收費；或者航空公司，除了廉價機票之外，飛機上的每一樣東西，包括水、行李空間等，都要額外收費。

第七招，不二價訂價。

這是一種特殊的組合訂價法，它把價值接近的商品組合在一起，浮動毛利率，使零售價保持一致。比如美國的九十九美分商店；中國的名創優品，很多商品都是十元。這種訂價法，讓消費者避免對價格的思考和比較，只需在心理價位內挑選價值感。這種訂價策略還可以用在迴轉壽司店、麻辣燙、二手書店等場所。

KEYPOINT

組合訂價法

這是對「錨定效應」等消費心理學、「二段收費」等基礎商業邏輯的集大成應用。一套組合訂價拳法包括：產品線訂價、備選品訂價、專用配件訂價、副產品訂價、配套式訂價、分段式訂價和不二價訂價。

4 讓有錢人為同一件商品多付錢——差別訂價

通過差別訂價的訂價方法，把有支付能力的人找出來，對不同人群制訂不同的價格策略，就能讓有錢人為同一件商品多付錢。

我們買軟體的時候，經常會面臨這樣的選擇：是買家庭版、專業版、企業版，還是宇宙版呢？有的人或許會覺得奇怪：軟體不同於硬體，硬體，比如汽車帶不帶高級音響，因為成本不同，價格當然不同；而軟體，所有版本的邊際成本其實一模一樣，為什麼軟體公司不乾脆簡單一點，只賣一個版本，訂一個價就算了呢？

這就涉及訂價策略裡一個非常重要但是特別有趣，也很讓人糾結的概念，叫作「差別訂價」（又稱價格歧視）。

舉個例子，某人坐飛機從上海飛往北京，如果是為公務，可以報帳，那麼機票價格對他來說就不是問題，要是能用經濟艙的價格升成頭等艙，當然最好不過了。但是，如果他是自己掏錢買機票，價格就是個問題了，愈便宜愈好，要是機票折扣不高，他甚至情願去坐高鐵。也就是說，同一航班、同一時刻、同一個人，因為不同原因乘坐，願意支付的價格是不一樣的。

於是，航空公司開始苦苦思考一個問題：怎麼才能知道乘客坐飛機的原因呢？怎麼才能以四折的價格把機票賣給個人旅客，而以原價賣給公務旅客呢？

有的人可能會想：航空公司太壞了！我們把「壞不壞」這個問題先放一放，從純學術的角度來研究，航空公司的這個想法就是所謂的「價格歧視」——根據不同人、不同時候、不同原因，對同一個產品進行不同的訂價。這裡的「歧視」沒有貶義，也許叫作「差別訂價」更合適。

差別訂價可以實現嗎？在講這個問題之前，要先理解另一個概念：消費者剩餘。

一件商品的成本是十元，A最多願意付三十元，結果以十五元成交，那麼成交價與A的心理價位之間的差價十五元，就是消費者剩餘。但同是這件商品，B的心理價位是二十元，最後也以十五元成交，B的消費者剩餘就是五元。

差別訂價，就是研究如何盡量吃掉消費者剩餘，比如同一件商品，如何讓A付出三十元、讓B付出二十元。但問題是：心理價位又沒有貼在每個人的臉上，怎麼才能判斷消費者剩餘是多少呢？

核心在於：區隔消費者。

回到買軟體的案例上來。軟體公司為了區隔付費能力低的家庭和付費能力高的企業，把邊際成本明明一樣的軟體，自殘掉很多功能，做成家庭版，讓企業辦公場所無法降級使用，迫使支付能力更強的企業用戶使用更貴的企業版或專業版。從而，軟體公司用自殘軟體的方式區隔了消費者。

那航空公司呢？航空公司規定，打折機票需要提前兩週預訂，並且不能退票、改票，有的航班還要經停。因為他們知道，商務旅行常常是突發的，無法提前兩週確定；而且有可能會變動，不能退票、改票的話，會很麻煩；商務旅客的時間更寶貴，難以接受經停。這樣，他們就可以把打折機票賣給個人旅客，而把原價機票賣給商務旅客了。航空公司用製造麻煩的方式區隔消費者。

聽到這裡，有的人可能張大了嘴：真是無商不奸啊！但是，經濟學認為，**合法的差別訂價，其實有助於資源的有效配置。**

合法的差別訂價，有三個級別。

第一級，完全差別取價。讓每個人付出他能付出的最高價格。這種方式極其少見，通常通過討價還價、拍賣等方式完成。比如電信公司拍賣黃金門號、騰訊公司拍賣QQ靚號等，都屬於此類。

第二級，區間訂價。買得愈多愈便宜。這種方式與完全差別取價正好相反，極其常見，像第二件半價就屬於此類。

第三級，市場分隔。這種特殊的差別訂價充滿套路，下面我來重點介紹幾種。

比如，地域分隔。鞋子、衣服，甚至汽車企業，常常會在商品上做記號，供給不同區域，以不同價格，發不同的貨，然後進行督察，一旦發現「竄貨」——特供低開發區域的便宜商品被賣到高開發區域——就對相關代理商進行嚴厲懲罰。

再比如，人群分隔。老人票、兒童票就是典型的人群分格，本質是向掌握支配權的成年人收取更多費用。優惠券也是，通過蒐集、保存、攜帶、使用優惠券這些複雜動作，讓低收入人群付出低價格，而讓高收入人群因為怕麻煩，付出高價。

還有時間成本、機會成本分隔。電影院的上午場、午夜場便宜，下午場和晚場貴，就是把貴的票賣給時間成本高的人，時間成本低的人可以早起或者熬夜。持有「學生票」的旅客，可以等候即將起飛的航班，如果有空座位就能飛，沒有就回去；給機會成本低的人訂低價，而給機會成本高的旅客訂高價。

KEYPOINT

差別訂價

差別訂價是一種讓每個群體，甚至個體，付出他所能接受的最高價的訂價方法。其核心在於：如何把有支付能力的人找出來。合法的差別訂價有三個等級：完全差別取價、區間定價和市場分隔。

5 訂價權能交給消費者嗎——競標訂價法

在供小於求的情況下，可以通過消費者競標，價高者得的策略，賣出高價；在供大於求的情況下，可以通過商品競標，盡量用低價滿足價格敏感者，從而消化庫存。

學了這麼多訂價方法之後，有人可能會覺得：這個世界上哪有什麼「一分錢一分貨」啊！**價格，是商品的成本到消費者心理價位中間的尺度，最終更接近哪一端，是一場有關定位、人群、心理等因素的商業博弈。**

那麼，這個價格必須由商家來訂嗎？消費者就沒有權力訂價嗎？當然有。而且，競標訂價法是一種自古就有的訂價策略，叫作「拍賣」。

舉個例子，美國有一個旅遊公司網站 Priceline。假如我今天飛到西雅圖，約微軟的老同事一起吃飯。西雅圖的五星級飯店兩百美元一晚，這時我掏出手機，在 Priceline 網站上出價八十美元尋求入住，估計沒有哪家飯店會搭理我。沒關係，我邊吃邊等，等到晚上九點鐘的時候，可能就會有飯店搭理我了。如果還沒有，我就繼續等。飯店的房間就是庫存，這種庫存和衣服庫存不同，一旦過了半夜就徹底歸零了。所以，到了晚上十點，飯店基本能確定今晚有庫存風險後，就可能接下我八十美元住一晚的訂單，至少比空在那裡好啊！假如某家飯店準備晚上十點接單，另一家飯店也想做這筆生意的話，或許就會提前半小時接單，而其他飯店可能九點鐘就開始接了……所以，我在西雅圖住一晚飯店花多少錢，是由我自己訂的。Priceline 給這種特殊的訂價策略起了個名字，叫作「name your own price」（客戶訂價），並在一九九八年申請了專利，限制其他企業二十年內不得使用相同模式，Priceline 也因此成為美國最大的網路旅遊公司。

這個看上去很神奇的 Priceline 模式，還可以用在別的地方嗎？

有一家叫 ScoreBig 的公司，幫助消費者用最低價格買到各種活動的入場券，比如演唱會的門票。據說，他們能幫助消費者平均節省百分之四十的費用，但同時使活動的上座率和收入都獲得最大化收益。

還有一家叫 Greentoe 的公司，幫助消費者用最便宜的價格買商品。比如，佳能相機均價為五百五十至六百美元，你試著報價四百五十美元看看，也許真的會有商家賣給你。

Pirceline、ScoreBig、Greentoe 這些公司的競標訂價法邏輯能夠成立，都有一個大前提：商家有巨大的庫存壓力，尤其是飯店房間、機票、演唱會門票，一旦過了時間，庫存就會徹底報廢。這種「逆向拍賣」的本質，都是用一種特殊算法，把商品的庫存壓力和消費者占便宜心理，用不影響正常售價的方式，巧妙的結合了起來。

競標訂價法的邏輯除了能幫助消費者獲利之外，也能幫助商家獲利嗎？

當然可以。在供小於求，也就是一物難求造成的賣方市場下，拍賣可以幫助商家盡量縮小消費者剩餘。比如，某人想出售一個麥可・喬丹的簽名籃球，非常稀少，希望賣得愈貴愈好，這時可以嘗試荷蘭式拍賣。

荷蘭式拍賣，是先從一個最高價開始，不斷往下喊價，只要有人接受，就成交。這種拍賣法的好處是：價格從高往低，一旦落入消費者心理價位區間內的最上限，他就會購買，因為萬一此時保守，僥倖等待更低價，商品就可能被別人買走。

拍賣，是一種特殊的訂價策略，這種策略中蘊含著資訊經濟學、激勵理論、博奕論等重要學問。著名經濟學家威廉・維克里（William Vickrey）因為研究拍賣，在一九九六年獲得了諾貝爾經濟學獎，他還專門提出過一個著名的「維克里拍賣」。

比如某人想賣房子，有七八個人都想買。怎麼才能把房子賣出最高價呢？也許有人會說：價高者得就行了。但問題是大家都會很保守，故意不喊高價。這時不妨試一試「維克里拍賣」：還是出價最高者得房，但是以次高價格付款。維克里說，在這種拍賣制度下，報低價不但不能贏得拍賣，還會使出高價者以低價者報出的低價獲得商品，所以，買房的人有更大的動機報出高價，搶購房子。

競標訂價法，是一種非常特殊的訂價策略。在一些城市，也有些商家，比如餐廳、小超市等，在進行一種商業實驗：消費者隨便吃、隨便拿，最後請自由付款。這些實驗，據說有些獲得了成功，有些最後關門歇業。本質上來說，「自由付款」不是一種消費者訂價的商業模式，更多的是一種道德測驗。

KEYPOINT

競標訂價法

競標訂價法通常實現的方式是拍賣和逆向拍賣。拍賣，就是在供小於求、一物難求、賣方主動的情況下，通過消費者競標的方式，獲得最高成交價的一種策略，比如荷蘭式拍賣、維克里拍賣等。逆向拍賣，就是在供大於求、庫存壓力大、買方主動的情況下，通過商家競標的方式，盡量用低價滿足價格敏感者，實現消化庫存的目的，典型案例有Priceline、ScoreBig、Greentoe等。

時間筆記

第八章

企業能量模型之行銷

占領市場之前，先占領心智——**定位理論**

金杯銀杯，不如排隊的口碑——**飢餓行銷**

跨越死亡之井——**技術採用生命週期**

撒硬謊，道軟歉，就是找死——**危機處理**

只融你口，不融我手——**獨特賣點**

1

占領市場之前，先占領心智──定位理論

想要讓消費者只買你的產品，你就要找到未被滿足的痛點，據此建立新品類，用最簡單的資訊不斷攻占消費者心智，和第二名一起穩固品類，把蛋糕做大。

如果說商業是一場戰爭，通路就是地面部隊，它的最高任務是「堵門」：用最優性價比，在一場又一場巷戰中，搶占所有與消費者之間的觸點。而行銷就是空中部隊，它的最高任務是「洗腦」：利用「對方節節敗退，我方又下一城」的炮彈，全面攻占消費者的大腦，寫入「只能買我」四個大字。

談到行銷，我們必須從全球最著名的行銷策略「定位」開始。

什麼叫定位？

先問一個問題：全球最高的山峰是哪一座？大部分人都知道是珠穆朗瑪峰。第二高呢？估計很多人就不知道了──喬戈里峰。第三高呢？很多人或許聽都沒聽過──干城章嘉峰。

大多數人只能記住第一名，最多第二名。這種情況是由人類的心智模式決定的。不僅生活如此，商業也一樣。

在英文中，我們把在市場中占據的份額叫作市場占有率（market share），把在消費者大腦中占據的份額叫作心靈占有率（mind share）。顯然，占據第一大腦份額的，也就是成為消費者心中的「品類第一」，必然會獲得巨額收益。

怎樣才能成為品類第一呢？每個行業都只有一個第一，光靠努力就能做到嗎？美國行銷戰略家傑克·屈特說：如果不能成為某個品類的第一，那為什麼不去開創一個新品類呢？

比如，二〇一五年，我和十幾位朋友一起去攀登了非洲第一高峰——吉力馬札羅，海拔五千八百九十八公尺。吉力馬札羅雖然是非洲第一高峰，但是它的海拔與珠穆朗瑪峰相比還是差了一大截。怎麼辦呢？聰明的非洲人在登山界開創了一個新品類——「人類徒步可登頂的高山」，說吉力馬札羅是地球上人類可徒步登頂的最高峰。什麼意思？其他山雖然有更高的，但都要借助纜繩、懸梯、冰斧等才能登頂。靠雙腳就能登上去的山峰中，吉力馬札羅是最高的。這一下子，給吉力馬札羅帶來了極大的話題性，來徒步挑戰者如雲。

不能成為品類第一，就創造一個新品類。屈特在一九七二年提出了這個理念，並稱之為「定位」（positioning）。二〇〇一年，定位理論力壓著名行銷大師菲利普．科特勒（Philip Kotler）和著名戰略大師麥可．波特（Michael Eugene Porter）的觀念，被美國行銷協會評為「有史以來對美國行銷影響最大的觀念」。

也有不少人對定位理論提出過質疑，我認真看了不少質疑，覺得大部分都是無意甚至有意的曲解了定位，再來批評這個假想敵。定位理論有效的基礎是消費者的五大心智模式：第一，消費者只能接收有限的資訊；第二，消費者喜歡簡單，討厭複雜；第三，消費者缺乏安全感；第四，消費者對品牌的印象不會輕易改變；第五，消費者的心智容易失去焦點。

應該怎麼利用定位理論，獲得行銷成功呢？這裡給大家四個建議。

第一，從消費者心智出發，不要從產品出發。比如做化妝品，還有什麼用戶需求是競爭對手未能滿足的？「補水，讓你的肌膚一天喝八杯水」。比如做餐飲，消費者怕油怕鹽，那麼「蒸的才是健康的」。**關注消費者的買點，而不是產品的賣點。**

第二，基於沒有被滿足的需求，或者說痛點，創立一個乾淨的品類。比如降火涼茶，把這個品類先打掃乾淨，然後與自己作戰，不斷促使自己成為可以代表這個品類的消費者認知。

第三，占領消費者認知的武器——資訊，要極度簡單。消費者只能接受有限的資訊，喜歡簡單，討厭複雜。比如，「怕上火，就喝王老吉」、「今年過節不收禮，收禮只收腦白金」、「恆源祥，羊羊羊」。重複一萬遍，效果才更好。別總覺得自己這也好、那也好，優點太多，消費者記不住。

第四，要歡迎競爭。雖然是你創立了這個品類，但是消費者心中其實留了兩把椅子。比如團購品類，大眾點評和美團；電商品類，天貓和京東；旅行網站，攜程和去哪兒；還有可口可樂和百事可樂、寶僑和聯合利華、賓士和ＢＭＷ……有個對手，品類才成立，而且會共同教育市場，把蛋糕做大。

說到底，定位是一種基於消費者心智差異化的競爭策略。

KEYPOINT

定位

在消費者心中建立一個新品類，然後成為這個品類的第一。具體做起來有四個步驟：第一，找到未被滿足的痛點；第二，據此建立新品類；第三，用最簡單的資訊不斷攻占消費者心智；第四，和第二名一起穩固品類，把蛋糕做大。

2 金杯銀杯，不如排隊的口碑——飢餓行銷

飢餓行銷是維持高利潤和提升品牌附加值的行銷手段。使用飢餓行銷有三個前提：產品具備不可替代性、消費者心智不成熟、市場競爭不激烈。

有一個品牌商想請我吃飯，而我特別忙，本來準備禮貌的拒絕，但是瞟了一眼餐廳的名字，立刻從座位上跳起來，爽快的答應了。這家餐廳被很多美食雜誌評為「全球最佳的幾十家餐廳之一」，如此盛名，但它每晚只接待一桌客人（一共才十位）。可以想像，上海兩千多萬人當中，有多少人在翹首排隊，據說排到至少要等幾個月，因此用餐的價格也高達六七千元一位的天價。

有的人可能會說：真的有那麼好吃嗎？就算吃一個月的山珍海味，也未必吃得了六七千元啊！還有，既然生意這麼好，老闆幹麼不換張大桌子，多加幾雙筷子？或者乾脆搞個千人大廳，再開幾個 V666、V888 包廂，然後在全國開連鎖啊！餐廳再貴，一天就十位顧客，也賺不了什麼錢吧？

這家餐廳的老闆真的傻嗎？其實不是。他懂得一個別人未必真懂的行銷策略：飢餓行銷。

我小時候看過一部動畫片《一休和尚》，講日本的皇帝吃遍人間美味，愈來愈厭倦，每天都四處尋找新的美味。小和尚一休說：「天下最美味的食物叫作餓，但是很難找到。」皇帝很想嘗嘗，一休便陪著皇帝跋山涉水。有一天月黑風高，他們來到荒郊野嶺，一休把一個饅頭遞給皇帝，說這就是「餓」，皇帝狼吞虎嚥，並將其封為「天下第一美食」。

所以，人們吃掉的不是食物，而是「餓」這種感覺。

還記得前面講的邊際效益？皇帝之所以吃什麼美食都厭倦了，是因為肚子裡始終有「六個饅頭」，而他每天都在吃「第七個」。一休做的，就是讓皇帝消化完前面六個饅頭，重新回到吃第一個的感覺，從而獲得最大的邊際效益。

在商業世界也是一樣。讓消費者「餓」，就成了一種重要的行銷戰術。這種戰術被稱為「飢餓行銷」。

飢餓行銷的本質，是邊際效益理論在行銷領域的應用。看上去，飢餓行銷的目的是通過嚴格控制產量，讓供給端始終遠小於需求端，產生供不應求的假象，把消費者

「餓」量，然後抬高價格，獲得暴利。但實際上，因為飢餓本身也限制了銷量，利潤未必大。所以，**飢餓行銷真正的目的不是為了利潤，而是為了品牌附加值。**

應該怎麼運用飢餓行銷呢？

成功運用飢餓行銷有三個前提：第一，產品要有不可替代性。店鋪今天只賣七個饅頭，消費者說：算了，那我今天吃包子——饅頭就不具備不可替代性。第二，消費者心智不成熟，願意甚至喜歡追逐新奇和稀少。第三，市場競爭不激烈，如果滿世界都是賣饅頭的，這家店今天只賣七個，消費者轉身就去別家買了。

基於這三個前提，我們來看看身邊的人是怎麼運用這個邏輯的。

賣茶葉蛋的王阿婆每天只做五百個茶葉蛋，下午四點半開賣，基本到六點半就被排成長龍的顧客搶光。有人問她為什麼不多做幾個，她說：「那得花老大勁兒啦，現在我一天忙幾個鐘頭，回家就能輕輕鬆鬆打打小麻將，過得舒服著呢，何苦累死自己！」王阿婆說得有道理，不管有意還是無意，她正在使用飢餓行銷的策略。

在商業世界，打法就更高級了。比如把飢餓行銷做到極致的愛馬仕（HERMÈS），有兩個經典包款鉑金包（Birkin）和凱莉包（Kelly），訂價七萬至三十萬元，常年處於缺貨狀態，很多人都在排隊等。長長的排隊名單更刺激了人們的渴望，據說等上三五年都是正常現象。為什麼會這樣？愛馬仕一定會苦著臉解釋：這個包太難做了，很難量產。很難量產，是很多企業給飢餓行銷起的別名。

當然，飢餓行銷也有不少副作用，值得注意。第一，造成客戶流失。過度飢餓行銷，就是將客戶「送」給競爭對手。第二，引起顧客反感。過度飢餓行銷，會讓消費者「餓」到冷靜，覺得被愚弄，對品牌產生厭惡。

KEYPOINT

飢餓行銷

這是一種通過故意調低產量，造成供不應求的假象，維持高利潤和提升品牌附加值的行銷手段。使用飢餓行銷有三個前提：產品具備不可替代性、消費者心智不成熟、市場競爭不激烈。

3 跨越死亡之井——技術採用生命週期

一項技術進入市場，會面對創新者、早期採用者、早期大眾、後期大眾和落後者。包容的早期採用者與挑剔的早期大眾之間有一個死亡之井，跨不過去，新技術就會曇花一現。

你還記得那些曾經被熱捧的科技產品嗎？比如，用雷射投影在桌面上的投影鍵盤，一夜之間紅遍微信朋友圈又突然銷聲匿跡的臉萌軟體……很多爆紅產品，都在自己最美麗的瞬間消失，曇花一現。

為什麼會這樣？夏天的火爆之後，難道不應該是秋天的收穫嗎？到底是什麼原因導致了它們快速成功，又瞬間失敗呢？

美國作家傑佛瑞．摩爾（Geoffrey Alexander Moore）說，那是因為這些勇敢的創業者在技術創新的道路上一路狂奔時，掉進了技術採用生命週期的死亡之井。

技術採用生命週期，就是當新技術推向市場時，必然會面臨的五個階段，每個階段面對截然不同的消費者。

第一階段，面對的是創新者。創新者天生對新科技充滿了好奇，他們一直在搜尋。所以，並不是新產品找到了他們，而是他們找到了新產品，他們甚至願意參與創造。這群人，大概占所有用戶的百分之二·五。

第二階段，面對的是早期採用者。大家身邊總會有一兩個特別懂電子產品、特別懂車，或者能分清楚每一款空氣淨化器優劣的人，他們是意見領袖。他們享受新科技的優點時，也包容新科技的瑕疵。這群人占整個市場的百分之十三·五。獲得這群人的認可，千萬不要沾沾自喜，因為他們並不真的代表大眾。

第三階段，才會面對真正的大眾——摩爾稱其為「早期大眾」。他們只關心需求，根本不關心技術。所以，相對於現有產品，新技術必須有明顯優勢，並被反覆驗證是穩定可靠的，他們才會購買。這群人占整個市場的百分之三十四。

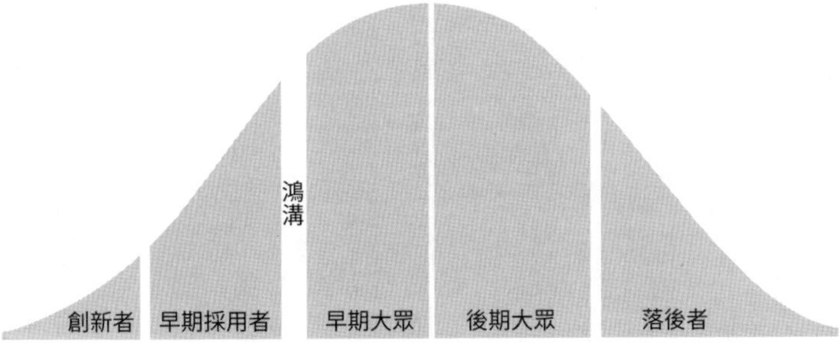

在早期採用者和早期大眾之間，有一個死亡之井。**沒能縱身一躍，把意見領袖喜歡的「有趣的科技」變成普通大眾喜歡的「有用的產品」，是爆紅產品曇花一現的真正原因。**

第四階段，面對的是後期大眾。他們更保守，對風險更敏感。比如，身邊已經有很多朋友做雷射近視手術三五年了，但他們還是會說：二十年後再看吧。這群人，也占整個市場的百分之三十四。

第五階段，面對的是落後者。他們對所有新技術充滿了敵視，比如你試圖說服他們使用行動支付，卻發現他們居然還堅持使用現金，連綁定行動支付的銀行卡都沒有。這群人，占整個市場的百分之十六。

摩爾在一九九一年提出的技術採用生命週期理論，今天依然完美解釋著各種新技術進入市場時的處境。那麼，這個理論應該怎麼運用呢？

第一，要懂得分辨用戶處於哪個階段。怎麼分辨？問個很簡單的問題：你會購買電動汽車嗎？如果他說：早買了，家裡和公司都已經裝了充電樁——他多半是個創新者，或者早期採用者；如果他說：等路上隨處可充電時再買——他是個早期大眾；如果他說：等汽油車被淘汰，加油不方便時，我就買——他是個後期大眾；如果他說：這種反人類的東西，死也不買——不用問，這是個落後者。

第二，把「有趣的科技」變成「有用的產品」，摩爾說，可以試試「諾曼第登陸法」：

首先，找到一個空白細分市場，就像諾曼第海灘一樣，準備登陸。在著名的美劇《矽谷群瞎傳》（*Silicon Valley*）裡，創業者有一項了不起的文件壓縮技術，可以用來做音樂分享，也可以用於企業存儲。這項技術紅透了整個矽谷，卻依然不成功。直到創業者找到自己的「諾曼第海灘」，把這項技術用於視頻直播的時候，才成功登陸了「早期大眾」這個戰場。

其次，要打造整體產品，集團作戰。早期大眾對科技無感，他們痛恨當機重啟。所以，除了提供解決核心問題的功能外，還要提供整體的產品體驗、優秀的售後服務、充沛的配件、無微不至的培訓、完善的用戶社群等。要打大仗，坦克兵、步兵、醫務兵、糧草都要整裝待發，而不能只靠游擊隊。

再次，找到精準打擊戰術。在主流市場中要替代的競爭對手是誰？產品的定位有沒有直擊對手沒有滿足的用戶痛點？要選好主攻武器和打擊策略。

最後，登陸之後，認真鋪設行銷和通路，做好打一場又一場艱苦巷戰的準備。

KEYPOINT

技術採用生命週期

一項新技術進入市場時，會按順序面對創新者、早期採用者、早期大眾、後期大眾和落後者。在包容的早期採用者和挑剔的早期大眾之間，有一個死亡之井，跨不過去，新技術就會曇花一現。怎麼才能跨過去？學習「諾曼第登陸」：首先，找到無人海灘；其次，構建整體戰隊；再次，運用致命武器；最後，開打艱苦巷戰。

4 撒硬謊，道軟歉，就是找死——危機處理

網路時代，危機處理的核心是阻斷傳播。而網路時代的傳播，不是來自媒體，而是來自大眾自身。所以，阻斷大眾心中的傳播欲念是根本。阻斷這個欲念的手段，不是解釋，而是獲得原諒，甚至同情。

每年的「三一五」晚會[17]都會讓很多企業家坐立不安。在商品質量普遍低下、服務普遍較差的背景下，央視的工作其實並不難做，閉著眼睛點名，隨機跟蹤調查，找不出一點問題是很難的。所以，這場晚會本質上抽查的不是各公司的產品和服務，而是各公司的危機處理水平。

危機處理，是行銷中的一個特殊職能，是在企業面臨危機，尤其是聲譽危機時

17 「三一五」晚會：由中國中央電視台、政府相關部門、中國消費協會共同於每年三月十五號（國際消費權益日）主辦的晚會，活動內容包括揭露商家侵犯消費者權益的事例，以提高消費意識。

的公關手法。可惜的是，大部分公司的危機處理水平還不如他們的產品。

很多公司被點名後的第一反應是五雷轟頂，稍微冷靜之後，變得極其憤怒：我們這麼努力的為消費者提供最好的服務，某某比我們做得差多了，為什麼不曝光他們？就因為我們投的廣告不如他們多，這樣整我們？然後在衝動之下，發出「對不起，今天忘了給央視付費了。」之類的找死言論。

別的企業沒問題嗎？也有。那為什麼你這麼倒霉？沒有為什麼，就是輪到你倒霉了。這個霉要認！因為你確實有問題，只要有問題，哪怕是小問題，在萬眾矚目之下，都會變成大問題。大眾的負面情緒已經被引燃了。

那應該怎麼辦呢？

危機處理的第一步，就是要認倒霉。那種「別人還不如我」的失衡心態，會扭曲之後的正式回應。

然後，怎麼回應？認錯，會毀商譽；不認錯，也會毀商譽。有沒有一種回應方式能不毀商譽呢？很多危機處理團隊在這個時候竟然會選擇撒謊，發錯微博，就說被盜號，並已報警；艷照洩露，就說是網友偽造的，並已報警……最後發現，這樣的危機處理，幾乎都會毫無例外的引發二次危機。

在過去，媒體是集中的，通話是單向的，消費者沒有話語權，很難有「自下而上」的危機。所謂的危機，都是因為對一些擁有話語權的媒體「失控」。在這種情況下，危機處理的方法是影響這家媒體，或者影響更多、更大的媒體，從而影響消費者。這種危機處理簡單粗暴，只是企業和媒體之間的遊戲，沒有消費者摻和其中，所以「撤硬謊」是一個可行的危機處理手法。

但是，行動上網時代，媒體，即便是央視的「三一五」晚會，也只是危機的導火線。公關部門需要清晰的認識到，真正的危機開始於不受任何媒體控制的、在網路中如洪流一樣急速傳播的情緒。媒體只管「殺人」，不管「刨坑」。一旦企業被點名，忘了央視吧，真正的危機還沒開始，**真正決定危機是否開始、如何開始的，正是公關部門的回應方式**。在一億雙眼睛下，用「撤硬謊」的手段就是找死。

不撤硬謊，那就認錯吧。認錯回應的每個字都非常重要，尤其要注意字裡行間傳遞的情緒。危機處理的本質就是大眾情緒管理。既然沒有辦法通過影響主流媒體的手段來影響大眾情緒，就只能通過短短的一段文字來影響了。

如果公關團隊在第一步「認倒霉」時認得不徹底，就會把情緒帶到文字中，自己覺得有理有據有節，進退分寸拿捏得當的一篇聲明，因為裹進了一股不服氣的情緒，在大眾眼中很可能就成了一篇防衛性極強的申辯書。這種「道軟歉」就如同用高壓油槍往剛剛燃起的火星上澆油，會招來一片謾罵，引發真正的危機。

那應該怎麼認錯呢？先認倒霉，再認錯，發自內心、聲淚俱下的往死裡認錯。不要申辯，每一句申辯都是往火上澆的一桶油。找到被曝光的問題的根源，提出一針見血的解決方案，然後自搧耳光，打到消費者看傻了，於心不忍為止。讓剛剛冒頭的火苗，熄滅在開始的地方。

網路時代，危機處理的核心是阻斷傳播。而網路時代的傳播，不是來自媒體，而是來自大眾自身。所以，阻斷大眾心中的轉播欲念是根本。阻斷這個欲念的手段，不是解釋，而是獲得原諒，甚至同情。

KEYPOINT

危機處理

危機處理是指企業面臨危機，尤其是聲譽危機時的公關手法，其本質是大眾情緒管理。行動上網時代，大眾情緒如洪荒之力，只有情緒能夠引導情緒。回應被央視「三一五」晚會點名，公關團隊首先要認倒霉，那種「某某更差，你怎麼不管」的失衡心態，會扭曲後面的回應；其次不要玩手段，錯把勉強道歉當成捍衛尊嚴的開場白；再次要往死裡認錯，萬眾矚目之下，小錯也是大錯，道歉到消費者於心不忍為止。一切心存僥倖、試圖移花接木，把不滿情緒引向央視的做法，都是找死。

5 只融你口，不融你手——獨特賣點

企業可以向消費者提出一種主張，讓他們意識到產品帶來的好處，這個好處要獨特，要有巨大的說服力，能讓消費者立刻成為企業的客戶。

前面我們講過的定位理論，是產品和行銷統一的方法論。但如果產品已經製造出來了，而且至少在短時間內沒法改了，有什麼辦法能把它賣得更好呢？

其實，定位理論還有一個「親兄弟」——獨特賣點（Unique Selling Proposition，USP）。定位理論是從用戶出發的，而獨特賣點是從產品出發的。

舉個例子，一九九五年，感冒藥品牌競爭激烈，康泰克、麗珠、三九等雄踞市場。這時，有一家叫「蓋天力」的醫藥公司也做了一款感冒藥，但公司實力並不雄厚，新感冒藥想要在用戶心中擠進前幾名，比登天還難。蓋天力苦苦尋找，終於找到了一個獨特的銷售主張：白加黑。這個理念其實很簡單，它把感冒藥分為白片和黑片，把有可能導致人昏昏欲睡的鎮靜藥撲爾敏（Polaramine）只加在黑片中，其他

什麼也沒做。但是，這個看似很簡單的動作，卻使蓋天力有了一個非常獨特的銷售主張：白天服白片，不瞌睡；晚上服黑片，睡得香。他們把這個銷售主張提煉成一句精練的廣告語：「治療感冒，黑白分明」。一下子，整個感冒藥市場被震撼了。「白加黑」上市半年，就突破了一．六億元的銷售額，強行占領了百分之十五的市場份額，獲得行業第二的地位。這一現象，在中國大陸行銷傳播史上堪稱奇跡，又被稱為「白加黑震撼」。

面對同樣的市場，「白加黑」與其他感冒藥一樣，在消費者心中幾乎有同樣的定位，但是因為找到了一個獨特的銷售主張，獲得了巨大的成功。

獨特賣點，是二十世紀五〇年代美國 Ted Bates 廣告公司董事長羅瑟・瑞夫斯（Rosser Reeves）提出來的。可以想像，因為廣告公司的職責主要是把產品（不論好壞）賣得盡量好，他們並不能要求廣告主重新定位產品，所以只能在已經確定的產品中發掘獨特的銷售主張。

在瑞夫斯看來，一個獨特賣點必須具備三個突出特徵：

第一，這個主張，不應該是「買我們的吧」；不應該是自吹自播，「我們最好，競爭對手最差」。必須向消費者提出一種主張，讓他們能夠意識到產品帶來的真正好處。

第二，這個主張，必須是競爭對手還沒有提出來的，甚至無法提出來的。也就是說，它必須獨特。

第三，這個主張，必須有巨大的說服力，能夠讓消費者立刻採取行動，成為企業的客戶。

用一句話來總結，**找到獨特賣點，就是從產品裡找到一個有巨大說服力的、競爭對手不具備的、對消費者的好處。**

怎麼運用？

著名的 M&M 巧克力的獨特賣點充分體現在那句著名的廣告語中：「只融你口，不融你手。」美味，但是因為有糖衣，所以不易融化。

超豪華汽車品牌勞斯萊斯的廣告語是：「在時速九十六公里的勞斯萊斯車中，最大的噪音來自電子鐘。」他們的獨特賣點是：引擎高速運轉時，車內依然很安靜。

在中國的商業界，有幾家公司的獨特賣點堪稱經典案例。

比如，在叫車軟體領域，面對滴滴和優步（Uber）這樣的巨頭，神州脫穎而出的機會非常小。神州和滴滴、優步最大的差別，也是獨特之處，就在於神州的車是自己的，司機也是自己的，可以理解為直營；而滴滴、優步是無數司機帶車加盟的。帶車加盟有個好處，就是閒置自用車的使用效率提升，但也給管理造成了很大的麻煩。於是，神州找到了自己的獨特賣點，那就是安全。他們通過一系列的廣告，強調「安全」這個有巨大說服力的、競爭對手不具備的、對消費者的好處，獲得了很高的認知度。

再比如，智慧型手機市場上，國際品牌有蘋果、三星，國內品牌有小米、華為，競爭已經白熱化，突然殺出一匹黑馬歐珀（OPPO）。它迅速竄紅有很多原因，比如在三四線城市的通路策略，但也離不開那句幾乎人人都知道的廣告「充電五分鐘，通話兩小時」。待機時間長，是歐珀的獨特賣點，是有巨大說服力的、競爭對手不具備的、對消費者的好處。

其實，《劉潤．5分鐘商學院》也是。如何在眾多免費、收費的知識產品中脫穎而出？一張恢宏卻環環相扣的課表，硬逼自己，每天在五分鐘內講完。大家都很忙，用最少的時間獲得最系統的知識，是《劉潤．5分鐘商學院》有巨大說服力的、競爭對手不具備的、對消費者的好處。

KEYPOINT

獨特賣點

獨特賣點有別於定位理論，是從既有產品中找到賣點的方法。如何來找？記住三點：有巨大說服力的、競爭對手不具備的、對消費者的好處。

筆記
時間

第九章

企業能量模型之通路

進入市場的微血管——**深度配銷**

如何把銷售團隊變成虎狼之師——**銷售激勵**

把一切的觸點發展為通路——**全通路零售**

離消費者愈近，愈有價值——**社區商務**

去掉通路最大的頑疾：庫存——**反向訂製**

1 進入市場的微血管——深度配銷

雖然今天有百分之二十的消費者習慣網路購物，而且愈來愈多，但依然有百分之八十的消費者習慣線下購物。企業可以用「農村包圍城市」的方法，扎入中國三四線城市尋求發展。

在極其慘烈的智慧型手機競爭中，有兩家公司繞開蘋果、三星、小米、華為等業界巨頭，擠進了出貨量前十，甚至前五的榜單，而取得這樣卓越的成績，他們居然只花了幾年的時間，讓很多人大跌眼鏡。這兩家黑馬公司其實都是「老馬」，即「步步高系」的歐珀和 vivo。連雷軍都說：「反思小米這些年的快速成長，我們有一個失誤，就是只抓住了網路上百分之二十的消費者，對線下依然堅固的百分之八十的消費者卻沒有足夠重視，線下通路部署不夠。」

雷軍的反思值得不少網路公司深思。行動上網把用戶從零提升到百分之二十，已經很快了，可以說是翻天覆地的變化，但是，剩下的百分之八十在今天依然是消費主體。歐珀和 vivo 只不過是使用了傳統商業中一套極其笨拙、成本極高，但卻極其有效的打法——深度配銷策略。

什麼叫深度配銷策略？

舉個例子，最近十年，中國富豪榜的變化很大，以前入榜的主要是房地產商，現在主要是網路公司大腕。但是，除這兩個行業之外，居然還有個賣水的能躋身前十，甚至一度成為中國首富，他就是娃哈哈的宗慶後。

我們在後面會講定倍率的概念。如果上網易的「成本控」欄目看一下，就會知道：一瓶售價一．五元的礦泉水，其中水的成本大概是〇．〇一元。用定倍率的眼光來看，這是要嚇死人的。那消費者付的錢當中，一．四九元都買了什麼？付給了誰？一．四九元除了支付瓶子成本、廣告成本，留存工廠利潤外，百分之六十都給了通路。

行銷是為了提高「或然購買率」，通路是為了提高「商品可得率」。所以，這百分之六十的錢最主要的目的是讓娃哈哈無處不在，讓消費者唾手可及。為此，宗慶後做了不少事情：第一，他在中國三十一個省市選擇了一千多家有實力的經銷商，把錢分給他們，讓他們把大樹的根系像微血管一樣，觸達所有有人的地方。第二，他把通路不斷下沉，從最初面對省級代理，到後來面對市級代理，最後直接面對縣級代理，每一個城市都有人深耕，銷售總量也因此幾乎翻倍。

同為曾經的中國首富，網易的丁磊曾對賣水的生意不屑一顧。但是，有一年，他去新疆旅行，在天山深處口渴想買飲料時，發現買不到可口可樂，買不到百事可樂，卻能買到娃哈哈。丁磊從此對娃哈哈的通路和宗慶後本人非常佩服。

把礦泉水搬到消費者所在的每一處地方、每一個場合。有另一家礦泉水工廠的廣告是：我們不生產水，我們只是大自然的搬運工。這話說得太有道理了，因為消費者買礦泉水的錢當中，大部分是搬運費。

我們講過，通路就是流量之河的河床。深度配銷策略，是通過一整套激勵和管控體系，讓品牌商與海量的經銷商之間形成利益共同體，吸取每一處微小流量，匯聚成滔天大河。

回到歐珀和vivo的例子上來。他們在線下分別擁有二十萬和十五萬個銷售點。銷售點只要進一批歐珀手機，比如十台，並擺放一個銷售櫃台，歐珀就會派促銷員上門。所以在很多城市，消費者只要進一個手機連鎖店，就會有人給他推薦歐珀手機。這種全面撒網、一竿到底的深度配銷策略，讓他們在網路銷售不能順利觸達的三四線城市成為王者。

當然，成為王者的代價就是必須提高售價，拿出足夠的利潤分給飢渴的通路。這也導致了歐珀和 vivo 被詬病。這樣的性價比，只能在三四線資訊不對稱的市場獲得成功。

有人可能會說：我不是歐珀，更不是娃哈哈，我應該如何運用深度配銷策略呢？這個策略對大部分人的意義在於：

第一，理解網路也是有邊界的。網路百分之二十的消費者邊界之外，還有百分之八十的市場，要觸達這部分市場，傳統通路模式雖然看上去笨拙，但卻依然有效，可以稱為「農村包圍城市」。

第二，理解中國是一個複雜市場。在一二線城市盡人皆知的東西，在三四線城市可能還是新鮮玩意兒。所以，如果看不懂網路，可以乾脆反其道而行之，扎入三四線城市尋求發展。

KEYPOINT

深度配銷策略

通過深度參與，和經銷商一起把產品部署到市場的微血管中。深度配銷，要靠大量利潤養育；高定倍率，是深度配銷的大前提。在今天這個定倍率不斷被網路降低的時代，深度配銷依然有意義。因為雖然有百分之二十的消費者習慣網上購物，而且愈來愈多，但市場的微血管裡依然有百分之八十的消費者習慣線下購物。蒐集這些流量，是深度配銷的現實意義。

2 如何把銷售團隊變成虎狼之師——銷售激勵

底薪＋獎金＋佣金，再加具體的行為指標，這樣激勵銷售團隊，才能把他們變成虎狼之師，同時又能避免因追求業績過分短視，給企業造成長遠傷害。

有不少企業自己賣產品，沒有通路，更沒有深度配銷。比如，公司僱了十個銷售，讓他們賣產品，或者僱一百個銷售，再多加一個銷售經理。對銷售來說，只關心一件事情，就是賣貨。這是一種什麼模式呢？在這種模式下，怎麼才能把銷售變成虎狼之師呢？

這種銷售模式叫作「直接銷售」。大部分直接銷售的公司都有銷售部。有些公司有配銷通路，也有直接銷售，用直接銷售的模式來面對最重要的客戶，所以又稱為「大客戶部」。

把銷售激勵成虎狼之師，不能僅僅靠做操、跳舞或者喊口號。想要通過「人」這個通道、這個流量入口賺錢，就要先想清楚怎麼和他們分錢。**懂得分錢是懂得賺**

錢的前提。

怎麼分錢呢？銷售分錢有兩個大的流派：佣金派和獎金派。

佣金派認為，銷售人員的收入應該由底薪+佣金組成。底薪是旱澇保收[18]，佣金則是銷售額的一個比例，是浮動的。比如，底薪三千，佣金拆帳百分之五，如果銷售員賣了一萬元的產品，能拿到五百元拆帳，這個月的總收入就是三千五百元。如果賣了十萬元呢？就能拿五千元拆帳，月收入提高到八千元。

對於產品線複雜的公司，比如化妝品公司，可以根據產品記點值，賣一盒眼霜三十點、一支唇膏十二點，最後把點數加一起，乘上單價（如一點等於十元），就可算出佣金。

佣金派的方法看似簡單粗暴，但非常有效。誘因相容，能燃起大家的鬥志：賣得愈多，分得愈多。

但佣金派有兩個問題：

第一，無法對市場的貧瘠、富裕區別對待。比如，在上海賣化妝品可能比在青

18 旱澇保收：不論乾旱或下雨，都有好收成，泛指獲利有保證之意。

海賣容易，如果只是按銷售額拿佣金的話，就沒有人願意去青海開拓市場了。每個人都會盡量「撿」客戶，而不是「挖」客戶。

第二，無法判斷業績是低還是高。十萬元的業績，在這個區域算是合理的嗎？如果換一個銷售，他是否能賣到三十萬元呢？所以，很多機構做大了以後就會加入獎金派。

獎金派的基本邏輯是底薪＋獎金。設定一個銷售指標和一個與之對應的獎金包，然後根據指標的完成情況，按比例獲得獎金。比如銷售指標是十萬元，獎金包五千元；如果完成了六萬元，可拿到三千元獎金。要是超過十萬元呢，還有超額獎金。

獎金派很好的解決了區別化對待、銷售業績合理性的問題。比如，上海的銷售指標是一百萬元，新疆十萬元，但獎金都是五千元。那麼，在新疆賣五萬元拿到的獎金和在上海賣五十萬元是一樣的。這樣就可以通過分別調節銷售指標和獎金包，來鼓勵優秀人才開拓新市場。同樣，如果在上海賣一百萬元太容易了，那麼獎金包可以不變，單獨調高銷售指標。反過來，銷售指標合理，獎金太低，吸引不了人才，也可以單獨調高獎金包。

如何激勵銷售是有大學問的。在一些大機構裡，甚至為獎金設置了「及格線」，比如十萬元的指標要是連六萬元都沒做到，說明當時承諾得太草率，獎金的事就別想了。激勵題到最後都是數學題。

但是，獎金制度也有重大問題。從銷售的角度來看，一定希望指標訂得愈低愈好，公司分解指標時，大家說不定都能打起來。而且，今年的指標完成後，公司也一定會撥動棘輪，提高明年的指標。產品還沒開始賣，就已經這麼複雜了。該怎麼辦呢？

很多機構選擇「雞尾酒療法」，把兩種方式結合起來：底薪＋獎金＋佣金。公司還是要給銷售訂指標的，比如十萬元；再確定一個獎金包，比如五千元；還有一個拆帳比例，比如百分之十。如果銷售完成了六萬元，達不到十萬元的指標，就按比例拿獎金，可得三千元；如果完成了十六萬元，超過了十萬元，則五千元獎金全得，多出的六萬元銷售額再按百分之十拆帳，即得六千元。如此一來，銷售一共可得一．四萬元，包括三千元底薪，加五千元獎金，加六千元佣金。

這種雞尾酒式的激勵制度，兼顧了底薪、獎金、佣金這三種方式的特點，被愈來愈多的機構接受。

但是，這種方式就是完美的嗎？當然還不是。在這種激勵制度下，銷售人員可能只在乎短期利益，會為了獎金和佣金進行欺騙式銷售，嚴重影響客戶滿意度，給企業造成長遠傷害。

於是，在這三種方式之外，很多機構又加上了一些行為指標，比如用新客戶相對於老客戶的比例來衡量是否不斷開拓了新市場；用利潤指標衡量是否有大出血式銷售；用客戶滿意度衡量是否只在乎短期利益；用銷售人員流失率衡量團隊是否可持續經營。

底薪＋獎金＋佣金，再加行為指標。激勵銷售不是「兄弟們，跟我上」這麼簡單，只有適合當下的、科學的激勵制度，才能把銷售團隊變成虎狼之師，但又不會誤傷自己。

KEYPOINT

底薪＋獎金＋佣金＋行為指標

把銷售激勵成虎狼之師，不能僅僅靠做操、跳舞或者喊口號。想要通過「人」這個通道、這個流量入口賺錢，就要先想清楚怎麼和他們分錢。懂得分錢是懂得賺錢的前提。

3 把一切的觸點發展為通路——全通路零售

網路時代，可以通過開設會員店和體驗店，打通線上、線下的全通路零售，重新組合資訊流、金流、物流，盡可能多的接觸消費者，獲得更多利潤。

一位老闆已經在線下開了幾十家嬰兒用品店，通過自營和加盟的方式，經營著一個自有品牌。生意做得不小，也不算很大，因為一直堅守品質，所以得到了愈來愈多的消費者的信任，生意穩定增長。但是，網路時代來了，老闆發現愈來愈多的人喜歡在網上購買嬰兒用品，他本來不屑一顧，覺得便宜無好貨，可生意確實受到了挑戰，為此感到很焦慮。

怎麼辦？要堅持抗拒網路嗎？

二〇一六，阿里巴巴「雙十一」的銷售額已經超過一千兩百億元——電商不可抗拒。「流量之河」的理論告訴我們，抗拒是非常不明智的，應該去擁抱一切價值被低估的流量來源，用合適的成本把消費者引入自己的銷售漏斗。

所以，傳統的線下零售商必須理解零售業的一個大趨勢：全通路零售。

什麼是全通路零售？

我們把整個商業分為創造價值和傳遞價值兩個過程。海爾的主體是創造價值，蘇寧的主體是傳遞價值。**傳遞價值主要包括三個方面：資訊流、金流、物流**。線下的嬰兒用品店其實是三流合體：消費者進店看東西、看價格、檢查保存期限、和售貨員溝通，這是獲得資訊流；選定商品後，通過現金、信用卡或者手機支付，啟動金流；奶粉被送到店面，再被消費者買回家，這是兩段物流。

但是，網路的到來，把這三流重新組合了。

阿里巴巴在二〇一五年推出一個活動，叫「三八掃碼購」，在三月八日當天，消費者走進線下超市，用手機天貓應用程式掃描商品條碼，就會發現很多商品在天貓網店賣得更便宜。天貓鼓勵消費者在網上下單，然後快遞送貨上門。在過去，資訊流就是看東西，金流就是付款，物流就是大包小包拎回家，都在超市裡完成。現在，天貓通過掃碼購物的方式，讓消費者在超市裡完成資訊流的獲取，卻通過天貓下單截獲金流，並用快遞補齊了物流。立刻，所有超市都變成了天貓的線下體驗店。

後來，善用「規則之縫」的黃牛又現身了。他們非常敏銳的衝進超市，把所有商品的條碼都掃了一遍，然後把天貓上更便宜的商品的條碼拍下來，印成一本冊子。黃牛拿著冊子走進車站，給乘客掃 QR code——一元掃一次。這本冊子其實就變成了一個折扣超市。黃牛完成了資訊流，支付寶完成了金流，順豐完成了物流。

所以，全通路零售，就是利用最新的科技、最有效的手段，把資訊流、金流、物流重新高效組合，用一切可能的方法接觸消費者。

回到開始講的嬰兒用品店，老闆應該如何借助全通路零售，重新組合資訊流、金流、物流呢？

這裡介紹兩種方法：會員店和體驗店。

第一，把資訊流、金流的一部分搬到公共的或者自有的電商平台，用以獲取更多客戶、支付款項，但是物流依然放在線下，由直營店、加盟店提供線下服務，並因此把合理利潤分配給他們。這種模式稱為「會員店」。統一價格，網上其實是會員管理系統。

在過去，線下加盟店很牴觸電商，因為電商搶走了客戶。品牌商和零售商變成了博弈的關係。通過這種模式，品牌商從網路上獲得的客戶，依舊歸屬就近店面，線上、線下協同，獲得更多流量，為客戶提供更好的服務，增加利潤。

第二，把資訊流依然放在線下，把金流和物流搬到電商平台。這種模式叫作「體驗店」。因為線上、線下的成本結構不同，線下銷售的成本一定比線上高。所以，品牌商可以考慮把所有的加盟店收回，變成合作經營的體驗店，以蒐集線下流量。體驗店以展示商品的美好體驗為主，而不再以銷售為目的。消費者可以直接在網上買，如果不放心，也可以去體驗店進一步試用，覺得不錯的話，當場就能買走。

有的人可能會覺得線下購買貴，那是因為有店租、庫存等因素。不現場買也可以，到網上下單，能便宜一些。但是，不管在哪裡下單，買的都是這個品牌商的東西。

KEYPOINT

全通路零售

全通路零售，就是通過重新組合資訊流、金流、物流的方式，把一切和消費者的觸點發展為通路，有機統一的經營。有兩種線上與線下結合的全通路零售方式：會員店和體驗店。會員店，是從線上獲得客戶，反哺線下；體驗店，是從線下獲得客戶，反哺線上。

4 離消費者愈近，愈有價值——社區商務

線下商業不會被替代。它用距離的近，有效對抗網路物流的快。從五公里的商圈，到一公里的社區，到一百公尺的小區，到零距離的家庭，離消費者愈近，愈有競爭優勢。

有效的通路，就是要用最低的成本，消除時空不對稱，讓消費者想要購買時，產品已經出現在他觸手可及的地方，提高商品的可得率。

為了提高商品的可得率，通路需要解決三個效率問題：資訊流、金流、物流的效率。通過網路的幫助，資訊流和金流的效率，理論上是可以達到光速的。而物流呢？物流可以達到光速嗎？至少今天不會。

這時，線下商業相對於網路，就表現出一種得天獨厚的優勢——離消費者更近。比如，我們看電影會在離家附近三公里的範圍內，買菜、吃飯一般會在一公里範圍內。每個人必然會有自己的生活半徑，以家和公司為圓心，畫一個距離圈。這

個愈近愈好的距離圈，催生了一種特殊的通路策略：社區商務。

什麼叫社區商務？

我們把離家五公里的距離圈叫作「商圈」。人們之所以去沃爾瑪（Walmart）購物，是因為它的商品極其豐富，並且價格相對便宜，但是要開車五公里，或者坐公車才能去購買。這種通過犧牲距離效率來獲得現場觀察商品機會的商業模式，最先受到網路的衝擊。1號店、天貓超市等品種更全、價格更低，而且第二天送貨到家的物流效率，對大量懶人來說，比離家五公里更便捷。所以，大超市開始普遍受到衝擊。蘇寧、國美、麥德龍（Metro AG）、紅星美凱龍等「商圈之王」，也在受衝擊的行列。

我們把離家一公里的距離圈叫作「社區」。比如你吃完晚飯下樓散步時，特別想喝一杯優酪乳，這時你會上網買嗎？不會，因為在網上購買，最快也要第二天早上送到。這種情況下，足夠「近」就開始發揮優勢了。一公里距離圈開始有效的狙擊網路的物流系統，體現出生命力。

這就是**社區商務，用距離上的「近」來抗衡物流上的「快」，從而形成一道屏障，成為無法被網路取代的商業風景。**

很多公司都在社區商務方面做了不少嘗試。

順豐的「嘿客」幾年之內要在社區裡開三萬家社區店，它的商業模式最終是否可行尚屬未知。但從戰略上看，順豐選擇社區是非常正確的。為此，我專門飛到深圳，和順豐嘿客的總裁袁萌聊了近三個小時。我說：「你把店開到社區，我覺得非常正確，但是開的方法也許可以是這樣的……或者那樣的……」袁萌說：「是的。不過當年王衛（順豐董事長）請我負責嘿客的時候說了一句話：『你要先把店開進社區，就算不知道怎麼開也沒關係，因為你一旦開進去了，就會有人專門飛到深圳來教你應該怎麼開。』」我當時坐在那裡，不知道該說什麼，唯有讚歎：「王衛的確是一個戰略家。」

現在，很多大超市開始不斷關店，而便利店卻開得很好。連家樂福也終於正式引進它的便利店品牌「Easy 家樂福」，開始搶占社區。

距離再近一步就是小區了，小區是一百公尺之內的範圍。現在有企業免物業費去做小區的物業服務，賺的就是各種服務的錢，比如業主打電話過來訂餐，這些企業再去找相應的餐廳，賺餐廳的錢。他們掌握著小區業主的消費記錄，可以衍生出各種商業模式，比如各種廣告、快遞箱等。地產商開發社區經濟有天然優勢。以社區商務為主要概念的「彩生活」在香港上市，以高達六十倍的本益比[19]發行，成為港股房地產類上市公司中的「黑馬」。

比小區更近的是家庭，家庭是真正的零距離。小米、華為、海爾都在做智慧家居，這裡面有很多商機。因為未來離消費者最近的，可能就是智慧家居。例如洗衣機、冰箱能智慧化之後，都可以成為新的通路，向服裝企業、食品企業下訂單。消費者剛起念，就可以完成下單。想像一下，智慧冰箱能識別儲存的牛奶快要過期了，這時它會提醒主人把牛奶喝掉，或者做一個奶白魚湯吧；當雞蛋只剩六個的時候，它會自動向網上超市下單；主人在朋友圈發消息說週末想吃酸菜魚，它會自動根據菜譜買好相關食材，並在週五晚上送到……智慧家居，是零距離的通路。

19 本益比：又稱市盈率，計算方式為每股市價除以每股盈利，通常作為股票便宜或昂貴的指標。

KEYPOINT

社區商務

在行動上網時代，社區商務用距離上的「近」，來抗衡物流上的「快」。簡單來說，從五公里的商圈，到一公里的社區，到一百公尺的小區，到零距離的家庭，離消費者愈近，愈有競爭優勢。線下商業不會被替代。網路用資訊對稱加高效物流的方式，不斷向零距離進攻。而線下商業用更好的體驗，死守最後一公里，並不斷突圍。真正的零距離，是通路的終極競爭。

5 去掉通路最大的頑疾：庫存——反向訂製

想根治庫存，可以使用反向訂製模式。先模組化[20]分解產品，再通過改造生產線實現技術突破，用工業化的效率完成大規模個性化生產。

很多朋友喜歡去暢貨中心（Outlet store）購物，那裡的商品確實便宜。有時買了一件衣服覺得很不錯，下次再去，想多買幾件，但是卻發現居然沒有賣的了。

為什麼會這樣？因為太暢銷，來不及生產嗎？

其實不是。因為暢貨中心是一種以清庫存為主的商業模式。主流市場上沒賣完的尾貨，在暢貨中心降價銷售，賣完了就沒有了。

庫存，是所有「先生產，再銷售」的商業模式共有的問題，在服裝業尤其嚴重。一件襯衫，我穿三十九號，你穿三十六號，他穿三十七號……各個尺碼的都要

20 模組化：解決一個複雜問題時，向下分層將系統分為不同區塊的過程。

做；淺紅色、淺綠色、淺藍色、淺灰色的也都要做。每一款襯衫的庫存，都是非常可怕的。

庫存，是所有B2C通路模式的頑疾。除了暢貨中心這種補救式的庫存清理方法之外，還有沒有什麼方式可以根治庫存問題呢？

有，C2F（Customer to Factory，從消費者到工廠）通路模式，即反向訂製。

比如，我比較瘦，很多衣服，尤其是西裝、襯衣，都是訂製的。訂製的更合身，但就是價格比較貴。所以，一直沒有完美的解決方案。我有一個企業家朋友，她在青島有個西裝工廠，叫作「紅領西服」。有一天，她對我說：「潤總，你的西裝就交給我來負責吧。」於是，她派了一個小姑娘，在我身上十九個部位量了二十二個數據。然後，我們坐在電腦前，西裝的領口，向上斜還是向下斜，可以選；袖口的扣子，是四顆還是五顆，可以選；門襟的扣子，一粒還是兩粒，可以選；衣服的內襯，是麻的還是綢的，也可以選。最後，我的身材數據和喜好數據就通過網路進入了她的西裝工廠。

我專門請這位朋友帶我去參觀了工廠。一台巨大的機器，在我選的那塊布上，一刀切下去。我參觀過不少服裝工廠，以前的做法都是在桌面上疊放厚厚一摞布，最上面再鋪上一張畫好的衣版，由熟練的工人推著垂直的裁刀，一路裁下去。最後，這一摞布都會做出一模一樣的衣服，這就是工業化。

但紅領西服不一樣，它只為我裁一張布。裁完後，在布片上釘上一個無線射頻識別[21]的芯片，掛在桿子上走生產線。走到縫紉女工面前的時候，她把這個芯片「嘀」的碰一下縫紉機上的小電腦，電腦就會顯示：這塊布應該用什麼顏色的線、釘什麼樣的扣子、和哪塊布縫在一起等。女工再根據這些開始換線、縫布。就這樣，一直走完整件西裝的生產流程。

我忍不住問朋友：這麼做不是降低了效率嗎？要是女工一天只做一個動作的話，效率會更高。朋友回答說：「是的，生產效率確實降低了。原來一個女工一天可以做一百件衣服，現在只能做九十件了，效率降低了百分之十。但是，這麼做能幹掉服裝業的一個頑疾——庫存。客戶下單、付款的時候，這件衣服並不存在，我們收到訂單後開始反向訂製。因為完全沒有庫存，一件衣服的綜合成本只有成衣的

21　無線射頻識別（Radio Frequency Identification，RFID）：是一種新興的辨識技術，透過無線電波辨識特定目標，將數據從附著在物品上的標籤傳送出去，如悠遊卡、防盜系統皆以此為原理設計。

一半，甚至是三分之一左右。」

通過改造生產線，實現柔性的大規模反向訂製，可以做到客戶下單七天後，衣服送到家。試想一下，花一半的錢就能買到一件和成衣品質相同的西裝，還是完全量身訂製的，那大家還有什麼必要買成衣？

反向訂製，就是通過柔性生產的技術，實現大規模個性化生產，把工業化的效率和個性化的體驗結合起來，從用戶訂單觸發生產的商業模式。

過去，手工製品總是很貴，很多東西只有皇室貴族才能消費得起。後來，工業化通過生產線生產的方式，極大的提高效率，把價格降到老百姓買得起，但代價是**工業化犧牲了個性化**。比如一款T恤衫只有小、中、大碼，哪個尺碼都不是最合身的，顧客只能挑一件相對合身的。萬一T恤衫生產出來沒人買，庫存就成為傳統通路的滅頂之災。現在，基於柔性生產的大規模反向訂製，徹底重構了通路方向，從用戶到生產，解決了庫存的頑疾。

那麼，我們還能怎樣利用反向訂製來徹底重構自己的通路模型呢？這並不容易，以下幾個建議可供參考：

第一，反向訂製的前提，是模組化。在3D列印之前，完全的訂製是無法工業化的。所謂訂製，主要是基於對產品的模組化分解。所以，先要確定產品是否能夠模組化。

第二，反向訂製的技術，是柔性化。所謂柔性化，就是通過改造生產線，能夠實現小批次，最好是單件的生產，能夠縮短生產週期，比如七天，甚至一天。小批次、短週期的柔性化，是反向訂製的技術基礎。

KEYPOINT

反向訂製

反向訂製，就是通過柔性生產的技術，實現大規模個性化生產，把工業化的效率和個性化的體驗結合起來，從用戶訂單觸發生產的商業模式。反向訂製的前提，是模組化。反向訂製的技術，是柔性化。

筆記時間

第 3 篇

PART THREE

第十章

商業世界的五大基礎邏輯

比電商更先進的商業模式是什麼——**流量之河**

哪有什麼「一分錢一分貨」——**倍率之刀**

該把貨賣更貴，還是賣更多——**價量之秤**

風險不是你想買就買，想賣就賣——**風險之眼**

黃牛，商業世界的駭客——**規則之縫**

1 比電商更先進的商業模式是什麼——流量之河

所謂先進的零售模式，就是找到了一種更便宜的方式，從流量的大河中取水灌溉。

商業世界裡，有五個特別重要的基礎邏輯。在接下來的這一章中，我們會一一講解。

一切商業模式的源頭，叫作「流量」。

我有一個親戚，他一直做鞋子的批發和零售生意。受到網路電子商務的影響，這幾年他的生意愈來愈差。終於有一天，他忍不住過來找我，問我是不是應該開個網店。

這個問題讓我特別為難，因為我很難開口告訴一個做了三十多年零售生意的人，其實他並不真正懂什麼叫作「零售」。哪個更好？必須有一個判斷的標準。這個判斷的標準是什麼呢？就是一切零售的基本邏輯——流量成本。如果把銷售過程比喻成一條河床的話，那麼流量就是從不同通路不斷流入河床的水源。河床設計得再科學、再完美，沒有水源，一切商業模式都是擺設。

比如，一個磨刀老頭整天走街串巷，一共遇到了十個人把他攔下來做生意。那麼想一想，他有沒有為獲得這十筆生意而付出一定的成本？假如他不是磨刀的，而是送快遞的，快遞員一天的薪資是五百元，就等於他放棄了五百元的機會成本。我們可以拿他一天的機會成本五百元，除以一天能遇到的潛在客戶數量十個人，就得到了每個潛在客戶的流量成本五十元。

可能很少有人這麼算過，這麼算有什麼意義嗎？如果你有多個通路來源，這麼算就會有巨大的比較意義了。

換一種商業模式，比如開一家賣鞋子的實體店，這家店的流量成本應該怎麼計算呢？就拿一個月的店面租金十萬元來計算，除以這一個月內預計可能到店的人流，假設有五千人，那麼獲得每個潛在客戶的流量成本就是二十元（十萬元除以五千人）。

通過對比，我們找到了一個底層的商業邏輯，能夠把走街串巷和開門迎客這兩種商業模式統一起來。那麼，這個底層邏輯也同樣適用於電子商務嗎？

比如，有人要上網買一雙皮鞋。在早期，買東西的人很多，可是賣東西的人並不相信電商是一種靠譜的商業模式，所以網店很少，一搜某品牌的皮鞋，只有四五家網店。由於這些潛在客戶是通過搜索獲得的，網店獲得這一批流量的成本幾乎為零。但是當一批網店店主真的賺到錢之後，就會有很多像我親戚一樣的人，也去網上開店。今天我們再搜索某品牌皮鞋，一搜出來就是三五十個頁面。要是一家新開的網店，沒有流量也沒有信用，很可能排在三五十頁之後，幾乎不會有生意。這時想要賺錢怎麼辦？花錢去買搜索中競價排名的廣告位。而當一個店主付了廣告費之後，居然還有錢賺，那麼就會有更多的店主出更高的價格……最終高到什麼價格為止呢？一定會高到這個商品的成本價加上廣告費幾乎等於零售價格。這時線上的廣告將會成為流量成本的主體，最終趨於跟線下獲得一個潛在客戶的成本幾乎一樣。

《經濟參考》的記者做過一個調查，在某電商平台上有六百多萬商家，但其中真正賺錢的不足三十萬個，僅占百分之五。我在寫《趨勢紅利》的時候，某資深電商人士曾對我講過，那百分之五只是不賠錢而已，真正賺錢的可能只有百分之二。

回到我親戚的問題上，他應該上網開店嗎？或者說，電子商務是一種更加先進的商業模式嗎？

其實，電商從來都不是一種更先進的商業模式，它只是在某一個特殊歷史階段被凸顯出來。那個階段，上網的消費者數量急遽增加，可是商戶並沒有決心，所以讓少部分敏感者享受到了一段時間的低成本流量。對我親戚來說，正確的做法應該是：用上帝的視角，看這條流量大河到底還有哪些水流的來源，比如社群、自媒體電商、通過直播來銷售、通過口碑獲得更多新客戶、通過和老客戶互動產生重複購買、到租金更低的三四線城市去開店……

在這個與用戶交互方式日新月異的時代，流量來源再也不是開一家店而已，也絕不是把實體的店搬到網上那麼簡單。**用流量的邏輯來統一所有的零售方式，並且懂得計算每一種流量來源的流量成本，將是所有企業的基本功。**

KEYPOINT

流量和流量成本

流量是進入銷售漏斗的潛在客戶的數量。流量成本是在每一個通路獲得一個潛在客戶的平均價格。所謂先進的零售模式，就是在做完一大堆計算之後，找到一種最便宜的方式，從流量的大河中取水灌溉。

2 哪有什麼「一分錢一分貨」——倍率之刀

所謂「一分錢一分貨」，就是在行業定倍率穩定時，零售價和成本價之間的相對固定的關係。

二〇一六年七月，我去爬非洲的第一高峰吉力馬札羅山。領隊建議，爬這樣一座極具挑戰性的山，裝備要專業一點，於是推薦了一個著名的國際品牌。我去這個牌子的實體專賣店準備買一雙登山鞋，當時運氣比較好，正趕上店裡做活動，只要兩千一百八十二元。我很高興，但還是機智的用手機上網查了一下，發現這雙鞋在京東商城只要一千一百八十八元，居然比這家店打完折之後還要便宜一半左右。分明是同一款鞋子，為什麼線上線下的價格有這麼大差別呢？是因為線上虧了本，還是因為線下黑了心？其實都不是！這個差別是由兩種不同的銷售模式所帶來的定倍率的不同而導致的。

什麼叫定倍率？

比如，一部手機的生產成本是一千元，如果賣到三千元，就是三倍的定倍率。這可能是很多商家不太願意讓消費者知道的一個非常重要的基礎商業邏輯。

那麼，在不同的行業中，這個所謂的定倍率一般是多少呢？

在服裝、鞋子這個行業，定倍率一般是五至十倍。也就是說，商場裡一件非常漂亮的衣服，標價一千元，實際上衣服的成本價通常不會超過兩百元。化妝品行業，定倍率常常高達二十至五十倍，比如某著名化妝品品牌有一款明星產品，建議零售價大約一千元，而實際成本價大概只有二十元。恐怕有的消費者看到這裡會吐血，但這些數字不是我編的，大家在網易的「成本控」欄目裡都可以查得到，很多日常用品的定倍率都有統計。只要一個行業經過多年的磨合，最終形成一個相對穩定的定倍率，這個定倍率就一定有它的合理之處。

回到開始講的那雙登山鞋。線下的成本結構決定了五至十倍的定倍率是合理的，並沒有人因此賺黑心錢；而線上的成本結構也決定了三倍定倍率即為合理。**運營方式不同，帶來不同運營效率，從而產生了定倍率的巨大差異。**

作為企業的經營者，是把定倍率做得更高好呢，還是更低好？有什麼標準嗎？這個標準其實就是企業經營的武器——如果武器是「創新」，企業能做出別人做不出來的東西，就有資格去選擇把定倍率做高的商業模式，用相對大額的差價來給自己騰挪更多空間。如果武器不是「創新」，而是「效率」，就需要經營者舉起「倍率之刀」，一刀一刀的砍下去，通過不斷降低定倍率，獲得市場競爭優勢，甚至顛覆一個行業。

過去的出版行業一般是由作者、出版社、印刷廠和新華書店[22]組成的。出版作為一種知識傳遞的手段，最核心的知識由作者創造出來，出版社、印刷廠和新華書店都是幫助作者傳遞知識的載體。可是，作者通常只能拿到百分之十左右的版稅，也就是說，出版行業的定倍率大概是十倍。這合不合理呢？非常合理，是這個行業多年來形成的分配規律。

然而，網路書店當當網的出現，利用其經營效率優勢，舉起了「倍率之刀」，一刀砍向新華書店。因為沒有巨大的線下運營成本，新書上架至少八折起，甚至有七折或者六折的價格。後來，亞馬遜又推出了 Kindle 電子書閱讀器，上面賣的書都是正規出版物，只是不需要印刷成紙質的了。所以，Kindle 又舉起了「倍率之刀」，

22　新華書店：中國大陸最大的國有連鎖書店，是國家的官方書店，也是官方刊物宣傳與發售地點之一。

一刀砍向印刷廠。同樣的內容，電子書的價格又比打折的紙質書更便宜。除此之外，諸如起點中文網一類的閱讀網站興起，有一群作者在上面寫連載小說，還有一群讀者跟著付費閱讀，這樣能直接獲得收入，那還要出版社幹什麼呢？所以，起點中文網也舉起了「倍率之刀」，一刀砍向出版社。據說一些知名的網路小說創作者，一年的版稅收入高達幾千萬元。同樣的內容，因為科技的進步，不斷有人舉起「倍率之刀」砍向現實，讓消費者可以用更便宜的價格獲得同樣的價值。

KEYPOINT

定倍率

用商品的零售價格除以成本價，得到定倍率。成本一百元的商品，售價五百元，那麼定倍率就是五倍。定倍率是用來觀察每個行業結構和效率的重要標準和基礎邏輯。企業應該提高定倍率還是降低定倍率，取決於經營武器是創新還是效率。能做出別人做不出來的東西，請大膽的提高定倍率；如果靠效率取勝，就請舉起「倍率之刀」，大刀闊斧的砍向低效環節，獲得顛覆性的競爭優勢。

3 該把貨賣更貴，還是賣更多——價量之秤

自來水哲學，即以品質優良的製品，用消費者能購買的價格，像自來水一樣源源不斷的提供給顧客。

一家創業公司生產了一款產品，成本價是三百元。接下來，公司面臨非常重要的選擇：產品賣給誰？賣多少錢？

第一種選擇，把這個成本三百元的商品賣到三千元；第二種選擇，只賣三百三十元。

有人可能會說：那當然賣三千元了！如果能賣到更高的價格，消費者也接受，為什麼要賣便宜呢？其實，一件商品該怎麼訂價，這背後有一套嚴謹的商業邏輯。

公司的存在以獲取利潤為前提。只要商品的毛利乘以銷量大於經營成本，公司就可以賺錢。所以，賺錢有兩種途徑：要麼盡量提高每件商品的毛利率；要麼擴大商品銷量。通俗的說，就是賣更貴，或者賣更多。

假如經營者面前有一個天平，是選擇在「賣更貴」的一邊加砝碼，還是在「賣更多」一邊加砝碼呢？

這世上有一個行業，把所有的砝碼都加在了「賣更貴」的一邊，這就是奢侈品行業。曾經有一則消息稱，北京新光天地某著名奢侈品專賣店失竊，店長報警說一個價值兩萬多的包被偷了，但是最後警方並沒有刑事立案，因為那個包的進價也就幾百元。也有奢侈品代工廠的管理人員爆料說，某品牌一款價值一萬多元的新款皮質包，其成本構成中，布料約占五十歐元，加上鉚釘、紐扣、拉鍊等，總價不超過九十歐元，相當於人民幣六百多元。

當然，我並不打算挑戰奢侈品行業，我要強調的是：它既然能夠存在，就一定有它的道理，也必然有它的客戶。我舉奢侈品行業的例子，是因為它是在毛利和銷量之間選擇了毛利的典型行業。

使用同樣邏輯的還有珠寶行業。曾經有一位消費者花十萬元買了一顆鑽石，他拿著這顆鑽石去當鋪典當，結果當鋪只給出兩萬多元的估價。他非常生氣，又去了其他當鋪，發現估價都差不多。當鋪的估價師說，就算現在立刻去品牌店買一枚十萬元的鑽戒，明天拿到當鋪也一樣只能估價兩萬元。因為當鋪無法實現典當品牌溢價，只能以鑽石本身的價值為準。只有極少數的幾個國際頂級珠寶品牌，才可以適當的提高一點估價。選擇高價就必然會犧牲銷量，這是珠寶行業的基本邏輯。為什麼「鑽石恆久遠，一顆永流傳」，而不是「一百顆永流傳」？道理也在於此。

哪些行業把砝碼加到了天平的另一端——銷量上呢？比如日用品行業。

在美國，有一家非常大的連鎖會員超市，叫做「好市多」。我在微軟工作的時候，經常去美國出差，好市多的總部離微軟總部很近，所以我經常去逛好市多。商場挺大，但是裡面的品類卻非常少，每一個品類的商品都是超市老闆親自挑選的。品類少，加上精心挑選，就造成了一個結果：每一件商品的銷量都巨大無比，所以超市能夠從工廠那裡得到更便宜的特價。那麼，在這個特價的基礎上，超市會加幾倍的定倍率呢？大概只有百分之六至百分之七，最高不超過百分之十四。超市老闆說：「如果我們的毛利率超過百分之十四，需要經董事會批准。但是在超市創辦的二十多年裡，董事會從來沒有批准過一個商品的毛利率超過百分之十四。」所以，好市多就是典型的把所有砝碼都加到了銷量這一端。

中國以好市多為榜樣的公司其實有不少，其中比較典型的是小米。當市場上的行動電源都訂價一兩百元的時候，小米選擇把自己的商業砝碼全部都加在了銷量這一端。小米行動電源有高品質的電芯，加上工藝很好的鋁合金外殼，零售價只有六十九元，相當於當時市場價格的三分之一。把砝碼加到「價量之秤」的極端之後，給小米帶來了巨大的收益，據說這款行動電源賣了將近五千萬個。雷軍說，如果不是因為仿製品的影響，它的銷量可能還要翻倍。

日本著名的企業家松下幸之助早就做過總結，他把這種品質優良的製品，用消費者能購買的價格，像自來水一樣源源不斷的提供給顧客的哲學，稱為「自來水哲學」。

現在回到最開始的那個問題，成本價三百元的產品，應該把砝碼盡量加在哪一端？

在這裡，我給兩點建議：

第一，以情感或不可替代的技術為主的產品，可以考慮把有限的砝碼放在提高價格這一端。但是，需要確認支撐價格的品牌溢價是不是已經被消費者所接受。

第二，如果以銷量為主，則要確認這個市場是不是有足夠的容量以及足夠的消費頻率。也就是說，要確認更低的價格確實會帶來更大的銷量提升。

KEYPOINT

賣更貴 VS 賣更多

要根據產品的性質來判斷。以情感或不可替代的技術為主的產品，可以把砝碼放在提高價格這一端；以銷量為主的產品，則要把砝碼放在擴大銷量這一端。

4 風險不是你想買就買，想賣就賣——風險之眼

風險，就像光、空氣、磁場一樣，無處不在。買賣風險，是促進商業健康發展的重要邏輯。

我有一個朋友是某著名品牌的代理商，一直都做得不錯。有一年他對銷售很有把握，決定從品牌工廠那裡進一大批貨，期待能以更低的進貨價和更大的銷量來獲得更可觀的利潤。但是，那一年的市場競爭格局發生了巨大變化，他冒險進的大批貨物全部砸在了手上。本來每年都賺錢的生意居然開始虧損，他非常痛苦，來問我未來應該怎麼辦。

我聽完他的敘述後，問：「你知道這個生意的本質到底是在買賣什麼嗎？」他回答：「我買賣的當然是商品了。」我說：「其實並不是。買賣某個品牌的商品，只是這個生意的表象，你採取用庫存去博差價的商業模式，是在買賣和經營商業世界裡一種非常特殊的商品，這種商品你甚至看不見、摸不著，但是它就像光、空氣

或者磁場一樣，無處不在。你買賣和經營的這種商品叫作『風險』」。

舉個例子，航空業對燃料的價格極為敏感，所以受原油市場影響頗大。當油價上漲的時候，除非提高機票的價格，否則利潤就一定會隨之下跌。但是如果機票漲價，乘客就會減少，利潤還是會下跌。這個時候該怎麼辦呢？其實，航空公司有一個非常有效的商業手段來解決這個問題，這個手段就是到原油市場去買期貨。

什麼是期貨？

期貨就是用今天的價格去鎖定並購買未來，也就是遠期才能提供的貨品。美國西南航空公司已經這樣做了好多年，所以當油價從每桶二十五美元漲到六十美元的時候，它的成本幾乎沒有變動。事實上，西南航空公司做得太好了，以至於油價猛漲了多年之後，它仍然能夠以二十五美元的價格拿到百分之八十五的用油。但是，我們千萬不能把期貨當成穩賺不賠的生意，因為萬一油價下跌，從二十五美元跌到十美元，當別人都能以一桶十美元的價格買石油時，你卻依然要花二十五美元買一桶。所以，用今天的價格去買未來的商品，有可能漲，也有可能跌。

航空公司是提供運輸服務的公司，並不是石油買賣的公司，所以它的經營受不了這種價格的漲漲跌跌。於是石油公司就提出一個建議：這樣吧，我給你一個確定的油價，如果以後油價漲了，我還是按這個確定的價格供油，差價我來貼；如果油價跌了，那算我運氣好，你得允許我賺一點小錢。其實，石油公司試圖賣給航空公司的，不是運輸服務，也不是石油，而是一種非常獨特的商品——價格風險。要理解這個複雜的商業世界，就必須知道這種虛擬商品的存在。

再回到我朋友的案例上來。他的商業模式看上去似乎是買賣商品，但如果他有一雙能夠看見風險的眼睛，就會知道自己買賣的其實是一種特殊的風險，叫作「庫存風險」。

對品牌商來說，生產多少商品，一直是一個特別大的難題。如果市場需求大，而自己生產少了，那就虧了；如果市場需求小，而自己生產多了，那就變成庫存，也虧了。所以，生產多或少都是有風險的。

我這個朋友所做的生意，也叫作「總代理」，其本質就是把品牌商的庫存風險買過來——就算最後產品賣不出去，這個錢我照付，風險我來承擔。作為交換條件，請你給我更大的差價空間。**這種用庫存博差價的商業模式，就是在買賣庫存風險。**

我對這個朋友說：「當你能夠意識到自己的商業模式本質不是買賣商品，而是買賣風險的時候，你就會在第一天建立一個風險管控機制，比如全週期庫存管理，一旦銷量下滑到某個程度，就啟動大規模的促銷來對沖風險；下滑到一定程度時，就啟動和合作夥伴之間的交叉銷售；下滑到另一程度時，就把這批貨作為禮品送給客戶……所謂『全週期庫存管理』，其實就是一套風險管控機制。沒有金剛鑽，別攬瓷器活；沒有這套庫存管理機制，千萬不要隨便去做用庫存博差價的風險買賣。」

原來風險也是可以買賣的，有些人也許會覺得很有意思，「那我能不能創業做買賣風險的生意呢？」

當然可以！但前提是：你必須有一雙洞察風險之眼，能看透別人看不透的風險，並有一套獨特的機制來解決這個風險。

比如，你能夠透過數據看透人性，更準確的判斷誰會借錢不還，就可以成立一家借貸公司，把不還錢的風險從那些有錢人的身上買過來，並因此獲得利潤。很多P2P借貸公司之所以會倒閉，就是因為沒有洞察風險之眼。

又或者，你是個數學家，比其他人更能準確的判斷某一種癌症的發病機率。有了這雙洞察風險之眼，你就可以嘗試用保險的方式，把這種風險從每一個害怕得癌症的人那裡買過來。

商業世界裡有太多的風險，買賣風險就成了促進整個商業世界良性運轉的一個重要的底層邏輯。

KEYPOINT

風險買賣

風險也可以買賣。前提是必須有一雙洞察風險之眼，能看透別人看不透的風險，並有一套獨特的機制來解決這個風險。

5 黃牛，商業世界的駭客——規則之縫

黃牛，是複雜規則的故障指示器，商業世界的駭客。這場道高一尺、魔高一丈的戰爭，促進著商業世界的進步。

有時候我們去看電影，在門口排隊買票的時候，有人會湊上來問要不要更便宜的電影票。或者參加一些搶購活動時，怎麼都搶不到，但只要活動一結束，網上就立刻有很多搶購商品被高價賣出。有些國外品牌手機，新品並不在中國首發，但並不妨礙一兩天之內就能在上海某電子商城買到這款手機……在商業世界的角角落落，聚光燈照不到的那些地方，活躍著一個特殊人群，我們稱之為「套利者」，也就是大家俗稱的「黃牛」。

黃牛，是一種不可忽視的商業現象。無論我們怎麼精心設計，一切的商業規則背後，都可能有漏洞或縫隙，黃牛就是靠此縫隙獲利的人。大家千萬不要覺得黃牛只是倒買倒賣而已，他們是一切複雜規則的故障指示器，商業世界的駭客。

舉個例子，某電信業者在國慶節期間推出一個活動：儲值兩百元話費，可以返還兩百元的購物券，用於在該業者的電商平台上購買等值商品。電信業者覺得，消費者的兩百元就當買了購物券，另外兩百元話費就當是送的。這個規則有沒有縫隙可鑽，有沒有利益可套？對黃牛來說很簡單——先到大學裡開發幾百個大學生做代理，讓他們跟同學說：「你給我兩百元，我幫你去儲四百元話費。」同學將信將疑，上網一查，發現確實有「儲兩百送兩百」的活動，於是放心交了錢。接下來，黃牛自掏腰包兩百元，再加上同學交的兩百元，一共四百元，全部都儲到這個同學的電話卡裡。對這個同學來說，用兩百元買了四百元的話費，沒有損失，還省得自己跑一趟電信公司，划算！對黃牛來說呢？這個時候，他又拿出二十元作為給代理大學生的獎勵。

看到這裡，有人可能會覺得黃牛真傻，其實是他自己沒有想明白這個規則的縫隙在哪裡。黃牛掏了兩百元儲值，又掏了二十元獎勵，一共花了兩百二十元。但是不要忘了，他得到了四百元的購物卡。也就是說，他用兩百二十元買下了價值四百元的購物卡，然後可以去電商平台上購買一些性價比最高的商品，比如行動電源。通常來說，售價四百元的行動電源，進貨價至少要三百五十元。這麼一來，相當於黃牛用兩百二十元現金買了進貨價是三百五十元的行動電源。接著，他以三百二十元的價格把行動電源賣給某商店。對商店來說，從其他通路購進行動電源要三百五十元，而從黃牛這裡買能便宜三十元，是一筆划算的生意。所以最終，黃牛很快得到了三百二十元的現金收入，而為此付出的代價只有兩百二十元，淨賺了一百元。不要小看這一百元，通過代理的方式，黃牛放大了自己的套利能力，在節假日短短幾天內就可能淨賺幾十萬。

看到這裡，大家是不是有種感覺：再敏感，敏感不過黃牛；再聰明，聰明不過騙子！**這些套利者的存在，一定程度上給規則制訂者帶來了極大壓力**，他們必須深度思考、監督執行、快速調整，才能與黃牛們進行道高一尺、魔高一丈的戰爭，促進商業的進步。

不過，大家也千萬不要認為套利者都是在看不見的角落裡玩這些小兒科的遊戲，其實在高端大氣上檔次的金融圈裡，到處都是套利者。

假設有三個外匯交易市場，美元兌日元、日元兌英鎊、英鎊兌美元，匯率始終在快速波動。理論上會不會存在這樣的情況：某人將一百美元換成日元，再去第二個外匯交易市場，把日元換成英鎊，再拿著英鎊到第三個外匯交易市場。如果這時候他發現，經過如此循環所得到的金額比直接兌換更多，就會迅速把手上的英鎊換成美元。雖然一百美元經過循環操作可能多不了幾分錢，但若是大規模快速自動化的操作，收益就會巨大無比。當然，我們談的是一種理論上的可能性。因為這種套利可能性的存在，反而導致了三個外匯交易市場之間的價格始終是均衡的。

KEYPOINT

規則之縫

凡有力的地方就一定有反作用力，凡有正向的商業價值就有反向的套利。我們只有理解了規則之縫的存在和套利者的生存邏輯，才能更完整的理解這個複雜的商業世界。

筆記時間

第十一章

網路世界的五大基本定律

在美國，你會吃麥當勞嗎——**資訊對稱**

網路與生俱來的洪荒之力——**網路效應**

理論上，你可以服務全人類——**邊際成本**

商業的未來是小眾市場嗎——**長尾理論**

所有的免費，都是「二段收費」——**免費**

1 在美國，你會吃麥當勞嗎——資訊對稱

網路通過連接，帶來了距離的縮短；又通過距離的縮短，帶來了資訊的對稱。而資訊對稱，幫助沒有品牌的好產品得以挑戰有品牌的平庸之作。

今天談到商業世界，幾乎不得不談網路。網路看上去明明只是個技術工具，為什麼能給商業世界帶來這麼大的變化？下面，我們來講一講網路和商業之間的關係。先從資訊對稱的邏輯開始講起。

假設你到美國出差，作為一個特別不愛吃西餐的人，每天吃什麼變成了痛苦的選擇。現在有五家餐廳，其中四家是做牛排、海鮮之類的美國本土食物，另外一家是麥當勞。這個時候，你會進哪家店？

如果是我的話，我肯定選擇麥當勞。很多人或許覺得：有毛病吧？在中國還沒吃夠麥當勞嗎，要大老遠的跑到美國來吃？其實，每一件事情背後，都有其商業邏輯。我之所以會選擇麥當勞，就是因為我知道，全球任何一家麥當勞餐廳的品項、

口味都和我在中國吃過的一樣。在進店之前，我已經知道了自己想要知道的相關資訊，而另外四家店呢？我對它們一無所知。也就是說，麥當勞通過連鎖經營的方式，有效的解決了資訊不對稱的問題。

在市場條件下，想要實現有效的交易，交易雙方掌握的資訊必須對稱。如果不對稱，掌握資訊比較充分的一方通常就會占據有利地位。事實上，在商業世界裡，資訊不對稱的現象幾乎無處不在。

連鎖和加盟是一種消除資訊不對稱的有效手段。到了網路時代，有沒有其他手段可以更加有效的消除資訊不對稱呢？

有一個應用程式叫作「大眾點評」，假如你在美國點開這個程式，它會告訴你：這五家餐廳中有一家牛排店，很多中國人都去吃過了，口碑非常好。而且，要是你願意的話，也可以在牛排上抹一層老乾媽辣醬，味道會更棒。這個時候，你是不是就不吃麥當勞了，而走進這家牛排店？

麥當勞通過連鎖加盟的方式，一次性將其所有店面的資訊都對稱了。而大眾點評通過一些吃過的人的評價，讓另外四家店的資訊也變得對稱了。這樣，顧客就能做出對自己來說最理性的判斷了。每一家小餐廳也因此獲得了與大型連鎖餐飲機構對抗的機會。這就是網路通過連接縮短了距離，又通過縮短距離帶來了資訊對稱。網路這個貌似技術的工具，成為影響商業世界最重要的路徑。

早在二十世紀七〇年代，資訊不對稱的現象就受到三位美國經濟學家的關注。到一九九六年，經濟學家莫里斯（James A. Mirrlees）和維克里，因研究資訊對稱理論獲得諾貝爾獎。二〇〇一年，經濟學家阿克洛夫（George Arthur Akerlof）也因研究這一理論獲得了諾貝爾獎。他們的理論在網路時代發揮了真正巨大的作用。

那麼，我們應該如何借助網路帶來的資訊對稱，獲得商業上的成功呢？

比如一個新創品牌的商品售價是五百元，而同類的名牌商品卻能賣到一千元。新創品牌的商品品質也許並不比名牌差，但很多人就是願意買一千元的名牌。這五百元到一千元之間的差價，我們稱之為「品牌溢價」。在資訊不對稱的時代，消費者被好的、壞的、貴的、便宜的、貨真價實的、以次充好的商品搞得頭昏腦脹，他們寧願多花五百元買一個保障。

今天的網路賦予了新創品牌挑戰名牌的機會，只要選擇一個用戶評價的體系（比如大眾點評）或者交易擔保的方式（比如支付寶），哪怕沒有品牌的真正的好商品，也將有可能迅速戰勝有品牌的平庸之作。

KEYPOINT

資訊對稱

買賣雙方掌握的資訊一致，就是資訊對稱。如果不對稱，掌握資訊更多的一方，就會獲得更大的交易優勢。過去，我們通過品牌連鎖經營和擔保交易等一系列手段，來解決資訊不對稱的問題。而今天的網路提供了全新的、高效率的資訊對稱手段，創造這些手段的網路公司以及善於利用這些手段的好產品，將有機會以小勝大，獲得消費者的認可。所以，資訊對稱是網路改變商業世界的底層邏輯。

2 網路與生俱來的洪荒之力——網路效應

網路效應，是網路與生俱來的洪荒之力。先下手為強者，有機會贏家通吃。

有一次，一位創業者跟我聊天，說他做了一個非常有用的旅行應用程式，可以隨時查詢航班行程，還可以知道目的地城市的天氣、訂飯店、訂車、訂演唱會門票等，幾乎無所不能。但就是有一點，他覺得用戶的黏著度特別差，競爭對手發布了新版本之後，這些用戶立刻就掉頭轉向了競爭對手那邊。他特別苦惱的問我該怎麼辦。

更多、更好的功能雖然很重要，但和競爭對手之間的功能性競爭，就像一場永無止境的軍備競賽。作為網路公司，為什麼不嘗試新的方法——網路效應呢？

什麼叫網路效應？

舉個例子，微信是一個好產品，但如果全世界只有一個人在用微信，他可能就會覺得這東西一點用都沒有。後來，有個朋友加了他的微信，他們可以用微信來聊天了。這時，微信似乎開始有些價值了。最後，朋友愈加愈多，從一個變成了一百個，他們之間就形成了一個錯綜複雜的網路。所以，隨著好友數量的增加，微信的價值也呈幾何級數的增加。就算有一天，他打算從微信換到另一個更好用的社交軟體上，也很可能因為自己大部分的朋友都在用微信而不得不打消念頭。

微信，就是一個典型的具有網路效應的產品。

網路效應，即某種產品對一名用戶的價值取決於使用這個產品的其他用戶的數量。用戶愈多，愈有價值；愈有價值，用戶愈多，不斷的積累用戶黏著度。甚至，一旦用戶總數突破某個臨界點之後，就會進入贏家通吃的狀態。這正如著名投資人克里斯・狄克森（Chris Dixon）所說：為工具而來，為網路而留。

那麼，在商業中應該如何利用網路效應呢？

我給朋友的建議是：這個旅行應用程式現在只是工具，為了增加用戶黏著度，就要想辦法在工具裡加上網路效應。比如，一個人到了機場，在休息室等飛機的時候打開應用程式，就能知道自己有哪些朋友這個時候也正好在這個機場等飛機；或者即使是陌生乘客同搭一趟航班，落地之後大家可以一起共乘；再或者用戶只要標注了自己的職業、專業，在彼此願意的情況下，就能找到同艙、同樣職業、同樣專業的乘客，說不定還能聊上一兩個小時呢。慢慢的，這個應用程式就建立起了一個網路，利用人們之間的網路效應留存用戶。當網路效應達到一定程度的時候，就算競爭對手推出更強大的新功能，用戶也不會瞬間離去，他們會因為自己積累的網路關係而猶豫。這就給了技術人員一個非常重要的時間窗口，以便迅速修改產品，縮短和競爭對手之間的差距。

網路因為互相連接而形成龐大網絡，天生具有產生網路效應的「洪荒之力」。打算利用這種神力創業的人，一定要注意兩個特點：

第一，網路效應會帶來一種特殊的現象——贏家通吃。用戶愈多愈有價值，不斷膨脹，一旦突破臨界點，最終會吃掉絕大部分市場份額。

第二，因為贏家通吃，網路世界就有了一個基本策略——先下手為強。誰能夠最先積累用戶，誰就會最先到達贏家通吃的終點。後面的競爭對手即使再強大，也幾乎無法超越。比如，阿里巴巴先下手為強做了淘寶，當買家和賣家數量超過臨界點，形成跨邊網路效應（供給端愈多，需求端的體驗愈好，或者反方向），這時雖然騰訊也很厲害，但其購物網站至今都無法超越淘寶。反過來說，騰訊先下手為強做了微信，用戶數量超過臨界點，形成單邊網路效應（供給端愈多，使得供給端的體驗愈好，需求端的情況也類似）之後，阿里巴巴同樣也無法超越微信。有人把這種利用跨邊或單邊網路效應構建的商業模式叫作「平台經濟」。

如果不是網路公司，也能利用網路效應嗎？當然可以！

其實，網路效應並不是從網路時代才開始有的，比如以前的電話、傳真、交通網路等，都是屬於用戶愈多愈有價值的商業模式。

比如線下的服裝店，在用戶基礎還不足以形成網路效應時，可以嘗試「異業聯盟」的方式，建立更大的用戶基礎，構建網路效應。有一家叫「零時尚」的女裝品牌就是這麼做的，它鼓勵每一家店面和附近的美容院、理髮店、健身房等建立聯盟關係，讓顧客可以在彼此之間享受優惠，共享消費積分。聯盟之後，用戶基礎大大增加，網路效應非常明顯，用戶黏著度顯著增強。

如果我們明白了這個道理，就會明白為什麼中國國際航空公司、深圳航空公司會加入星空聯盟，東方航空、南方航空會加入天合聯盟了。

KEYPOINT

網路效應

用戶數量愈大，給單個用戶帶來的價值就愈大，這種商業現象即網路效應。利用網路效應創業，一定要注意兩個特點：第一，網路效應最終會帶來贏家通吃的狀況；第二，因為贏家通吃，網路世界有一個基本策略——先下手為強。

3 理論上，你可以服務全人類——邊際成本

用戶規模理論上限值是全人類，邊際成本幾乎為零的優勢，是網路對傳統商業模式的結構性挑戰。

假設一架兩百個座位的飛機，起落飛行一次，成本是十萬美元，那麼每個座位的平均成本是五百美元（十萬美元除以兩百）。於是有人會說：為了不虧錢，航空公司的票價不應低於五百美元。可是，飛機即將起飛時，如果仍有十個空位，在登機口等退票的乘客願意支付三百美元買一張票，航空公司會賣給他嗎？

這個問題讓很多人糾結：這不是虧了嗎？虧不虧，要看怎麼來算。如果拿銷售價格三百美元和平均成本五百美元比較，確實虧了。但是，真的能這麼算嗎？其實，起飛前最後一分鐘，增加一位旅客的額外成本也就是一些小吃、飲料而已，估計不超過十美元。用三百美元的收入來對比這十美元的成本，則是賺了。這就叫「邊際成本」。

邊際成本，指的是每多生產或者多賣一件產品所帶來的總成本的增加。**對邊際成本的結構性改變，是網路經濟最重要的特徵之一。**

比如一家蘇寧的店面，因為非常懂得當地的用戶需求、宣傳、配套物流和服務，所以做得很好，很賺錢。但是，再賺錢，這家店也只能服務半徑大約二十公里以內的人群。如果想要服務更多的人，就只能在二十公里之外再開一家店。即使蘇寧把店開遍了全中國，但因為每家店所能覆蓋的用戶有一個很小的理論上限，而單店的運營成本分攤到每次銷售上的邊際成本一定不為零，所以，單店是否贏利很重要。

然而京東就不同。一個京東，理論上可以覆蓋全中國，甚至全世界。京東商城初期的建設投入巨大，很長時間都不賺錢，三千萬用戶時不賺錢，五千萬用戶時也不賺錢，甚至九千萬用戶時還是不賺錢。但是，為什麼投資人依然對京東充滿信心？京東上市，為什麼有那麼高的市值？因為京東商城所能覆蓋的用戶數，理論上是無上限的，所以邊際成本會不斷遞減，最終接近於零。九千萬用戶不賺錢，那一・二億、一・五億用戶呢？總有一個數字最終會讓京東賺錢。從那一天開始，京東每賣一件商品，邊際成本幾乎為零。

邊際成本幾乎為零，這是網路經濟對傳統經濟最重要的一個衝擊。

曾經，中國郵政有一項收入來自電報。我們小時候發電報，是按字算錢的，非常貴。後來，中國電信、中國移動通過大規模光纖的鋪設，連通了全中國，雖然固定投入巨大，但邊際成本很低，所以他們相繼推出了比電報划算得多的簡訊業務，隨時隨地、立發立收，只要一毛錢。電報很快就被幹掉了。後來，騰訊公司在電信、行動的數據網路基礎上又推出了微信，邊際成本幾乎為零，所以能提供免費的聊天服務。通信行業還為此和騰訊「打過架」，指責騰訊不收費是不正當競爭。騰訊的答覆是：我們沒有邊際成本，為什麼要收費？微信就是不收費的，簡訊從此衰落。

這種因為邊際成本結構變化，導致行業格局變化的例子，比比皆是。優步增加一輛車和一名司機的成本、Airbnb 增加一間新出租屋的成本，都幾乎為零。但是，這些對傳統的計程車公司和傳統飯店，比如凱悅和希爾頓而言，就不一樣了。網路的用戶規模理論上限值是全人類，邊際成本幾乎為零。我們應該如何利用這一點來優化商業模式呢？

其實，《劉潤．5分鐘商學院》就是一個非常好的例子。如果我選擇在線下開課，一堂課有一百個人報名，飯店成本、人員成本、差旅成本、我的時間成本等，會導致每一個學員的邊際成本非常高，收費也必然會很高。而利用「得到」

應用程式的平台來開課，每一個訂閱的邊際成本幾乎為零，最終訂價才可以低至一百九十九元。在以前看來，這樣的訂價是完全不可能的，但由於網路使邊際成本為零，低訂價變成了現實，所以每個人都有機會用和朋友吃一頓飯的錢，來學習如何做自己的執行長。

KEYPOINT

邊際成本

即每多生產或者多賣出一件產品，所帶來的總成本的增加。在網路時代，理解邊際成本十分重要，因為網路帶來的用戶規模理論上無上限，邊際成本幾乎為零，這給傳統企業帶來成本的結構性衝擊。要想利用這個結構性衝擊來成就商業，需要認真梳理每一件商品生產、銷售的邊際成本，看看網路是否能把它們降為零。如果可以，我們將有機會通過極大的降低邊際成本，來挑戰傳統經營模式，並獲得巨大收益。

4 商業的未來是小眾市場嗎——長尾理論

網路的出現，使得企業規模化的滿足人們的個性化需求成為可能。企業要抓住機會，從原來冷門的產品中找到新的利潤增長點。

假如你家有一台老式電視機，有一天，遙控器壞了，需要配一個新的。樓下五金行的老闆卻告訴你：這款實在太舊了，店裡只有賣最新款的電視機遙控器。為什麼他不賣舊款的遙控器呢？有人可能會說：這還用問？當然是因為買的人少，可能很久都賣不出去一個，老闆如果賣這個舊款的，那還不虧死！

我常說，每一件事情背後，都有其商業邏輯。除了感性的直覺之外，如果我們用理性的思考去分析五金行老闆的做法，就會發現他其實是在遵從「80／20法則」——百分之二十的產品創造百分之八十的利潤。偏門冷僻的產品進一堆，既占地方又賣不掉，多不經濟啊！所以，五金行老闆的做法是對的。

既然五金行買不到，只好上網找萬能的淘寶。你一搜，發現賣這個舊款遙控器的網店多的是。咦，不是「80／20法則」嗎？為什麼五金行不願賣的東西，淘寶上的賣家就願意賣呢？要是你心血來潮，信手在搜索框裡輸入「一百公尺長的尺」，說不定還能發現居然真的有人賣這麼長的尺！

很多線下不容易買到的東西，在網路上都能買到，為什麼？因為邊際成本極大降低。前面我們講過邊際成本的概念，因為邊際成本降低，網路上出現了有趣的「長尾效應」。

長尾效應，是美國《連線》（*Wired*）雜誌前主編克里斯．安德森在其著作《長尾理論》中首先提出的。開頭講到的五金行，就是典型的長尾效應的例子。因為五金行的邊際成本不為零，所以老闆必須陳列少量銷量巨大的暢銷品，用百分之二十的產品謀求百分之八十的利潤。而淘寶店，因為陳列一件商品的邊際成本幾乎為零，所以有什麼都上架。對五金行來說，全中國買這個舊款遙控器的人加在一起，不一定會很少；而對淘寶來說，全中國所有賣這種偏門產品的店加在一起，其銷量很可能大於某些所謂的暢銷品。

長尾理論十分有名，但一直都缺乏一個精確的定義，只有各種各樣的詮釋、解讀。在我看來，**長尾效應就是因為邊際成本極大降低，從而使網路企業能夠規模化**

的滿足人們的個性化需求。

除了淘寶，一提到長尾效應，大家還會想起谷歌和亞馬遜。過去，小微廣告主的宣傳需求根本進不了廣告公司的法眼，那一丁點兒廣告費，還不夠聊兩句宣傳需求所付出的時間成本呢！谷歌用一種完全自動化的方式，把廣告銷售的邊際成本直接化為零，不再關注「恐龍的頭部」，而是把長長的尾部蒐集起來，用關鍵字投放的方式自動發布廣告，並因此成為全球最大的廣告公司。

亞馬遜過去在線下賣書，因為陳列成本的緣故，百分之九十八的書都沒有機會進入讀者的視野。亞馬遜把銷售的邊際成本化為零，讓很多「冷門書」重見天日，也讓很多消費者的個性化閱讀需求得到了滿足。

不僅像淘寶、谷歌和亞馬遜這樣的大公司，作為一個普通人，也可以利用網路的長尾效應。在這裡給大家幾個建議。

第一，小眾市場就是大市場。我有個朋友是製售辦公椅的，現在市場上的辦公椅同質化很嚴重，他問我怎麼辦，我建議他做小眾市場。比如「優秀員工椅」，符合人體工學，自帶按摩功能，還鑲著金邊，遠遠看到就令人羨慕。公司用這把椅子激勵本月的優秀員工，椅子不斷變動。網路把銷售的邊際成本降為零，如果能把這把椅子做到極致，也許就會有不可想像的市場回報。這也是為什麼很多人會說「暢銷策略」。精準，是核心。

第二，快速滿足個性化。比如著名的「韓都衣舍」網店服裝品牌，把機構打散成兩百八十多個小組，不斷捕捉長尾需求，快速設計、快速下單、快速銷售。所有這些準確捕捉的快時尚需求蒐集起來，就是大生意。快速，是核心。

KEYPOINT

長尾理論

因為邊際成本極大降低，網路企業能夠規模化的滿足人們的個性化需求。長尾效應的成立有三個前提：第一，沒有陳列成本，邊際成本幾乎為零；第二，打破地域限制，小需求可以被蒐集起來，形成大需求；第三，顧客的個性化需求可以被規模化滿足。小企業應用長尾效應，建議用兩個簡單的方法：一是借助大平台，做小眾爆品；二是借助多團隊，做快速個性。

5 所有的免費，都是「二段收費」——免費

希望用户持續重複購買，可以把產品基座免費。希望用户購買高端產品，可以把低端版本免費。希望得到用户的注意力資源，可以把一部分產品免費。

如果說邊際成本是經濟原理，長尾效應是這個經濟原理所引起的市場現象，那麼「免費」就是這個原理給企業帶來的一種新的商業模式。

到底什麼是免費？

以前的遊戲軟體，基本都是一盒一盒賣的。盒子裡面有一本厚厚的說明書，襯托得那張遊戲光碟不那麼單薄。一款遊戲賣兩百八十八元，由於當時付款形式的限制、盒裝遊戲線下交付方式的限制以及中國的知識產權環境，靠賣盒裝遊戲賺錢實在太難了。

後來，盛大製作了一款遊戲叫作《傳奇》，並宣稱這款遊戲永久免費。那它怎麼賺錢呢？賣點數卡，玩一小時遊戲需支付〇．二九元，價格低，但是玩的人很多，

據說平均同時在線有一百萬人，算下來人均成本只有〇．〇四元。也就是說，每人每小時貢獻的淨利潤是〇．二五元，一天二十四小時，一百萬人同時在線，盛大就能從這款遊戲上賺六百萬。很快，盛大老闆陳天橋一度成為中國首富。

免費，並不是真的免費，而是找到了另一種收費的手段。

接著，巨人網路公司也做了一款遊戲《征途》，連〇．二九元也不要了，整個遊戲完全免費。如果玩家玩的時間足夠長，系統還會給他「發薪資」。這款遊戲又靠什麼賺錢呢？比如新手玩家挑戰不過老玩家，怎麼辦？只要配備一把屠龍刀，挑戰老玩家就像切西瓜一樣簡單。當然，這把屠龍刀是收費的，商城裡賣一萬元一把。要是買屠龍刀的人多了，總是被砍來砍去是不是很不爽？沒關係，商城裡還有賣軟蝟甲，穿上以後刀槍不入，要不要來一套？

免費，並不是真的免費，而是向大部分人免費，向少數人收費；將基礎需求免費，對高級需求收費。

免費經濟學，最早也是克里斯．安德森提出的——沒錯，他就是《長尾理論》的作者。克里斯的另一本書《免費！揭開訂價的獲利祕密》（*Free: The Future of a Radical Price*），同樣撼動了整個網路行業（雷軍把這兩本書稱為「網路的理論基礎」）。克里斯說：免費，是指將免費商品的成本進行轉移，比如轉移到另一個商品或者後續服務上。

所以，免費的真正精髓其實是「二段收費」。第一段，企業先用錢購買用戶的注意力、朋友圈關係、未來的需求等。第二段，用戶再拿著這些錢，去購買「免費」的產品。這也是為什麼很多人一提起免費就會說「羊毛出在豬身上，讓狗買單」[23]。

我們如何運用二段收費的商業模式呢？關鍵是要想清楚，除了想得到用戶的錢之外，還有什麼其他的東西。這裡有三種方法。

第一種，交叉補貼。如果想得到的是用戶以後持續的重複購買，就可以把這個產品的基座免費。比如免費刮鬍刀架、免費租用專業印表機。這些所謂的免費，只是企業先用錢購買了用戶以後買耗材的可能，用戶再用錢買了企業的刀架、印表機。

第二種，先免後收。如果想得到的是用戶購買高端產品的需求，就可以把低端版本免費。比如視頻網站的基本服務是免費的，但如果用戶想同步收看熱播劇集，

23 羊毛出在豬身上，讓狗買單：傳統消費模式為「羊毛出在羊身上」，亦即顧客（羊）花錢（羊毛）直接購買商品。轉變的關鍵則是網路發達之後，多了「資訊」交易的價值，商人不只希望交易金錢與商品，而是商品背後的使用資訊。「羊」是客戶，「狗」是商品公司，「豬」則是想獲得數據的公司。

就需要付費。大部分雲端服務也是免費的，但如果用戶的資料太多，就需要付費購買更大的儲存空間。有的教育軟體也是免費的，但等到青少年用戶長大了、畢業了，就需要付費了。還有諸如閱讀片段免費，閱讀全文收費；帶廣告免費，去廣告收費；低質量MP3免費，高質量MP3收費；網路內容免費，列印出來收費；註冊免費，加VIP收費……這些所謂的免費，只是企業先用錢購買了用戶以後買高端產品的可能，用戶再用錢買了企業的基礎服務。

第三種，三方市場。如果想得到的是用戶的注意力、行為習慣、人際關係，就可以把一部分產品免費。比如微信公眾號的文章免費，在公眾號上做廣告就需要向第三方收費；俱樂部活動對女士免費，對男士收費；博物館對孩子免費，對父母收費……這些所謂的免費，只是第三方先用錢購買了用戶的注意力、人際關係，用戶再用錢買了公眾號的文章、女士的俱樂部門票、孩子的博物館門票。

KEYPOINT

免費

免費其實是將免費商品的成本進行轉移。天下沒有免費的午餐，所有的免費都是「二段收費」：有人先用錢買走了用戶的一些東西，然後用戶再用這個錢去買想要的商品。要實踐免費的商業模式，應該記住三點：交叉補貼、先免後收和三方市場。

筆記時間

第十二章

市場與網路行銷

自帶高轉化率的流量——**社群經濟**

自帶流量的粉絲——**口碑行銷**

終生免費的流量——**單客經濟**

像病毒一樣傳播——**引爆點**

會衝浪的人，必須也要會游泳——**紅利理論**

1

自帶高轉化率的流量──社群經濟

想做社群經濟，要先找到一個共同點，然後用微信號、論壇等方式聚焦這部分人，提供最符合他們共同點的商品，實現更高轉化率。

前面我們講過，經營企業就像是推巨石上山。做產品，就是把這塊千鈞之石推上萬仞之巔，獲得盡可能大的勢能，然後在最高點一把推下去，用行銷和通路減小阻力，把勢能轉化為最大的動能，獲得盡可能深遠的用戶覆蓋。

今天，網路時代來臨了。有什麼新的推石頭的方法和工具，能更有效的幫助企業能量的生成與轉化嗎？

比如一個做生鮮水果生意的店鋪老闆，可能不太清楚網路時代到來的意義，他看到網上生鮮電商巨頭拚得你死我活，但似乎也沒掙到錢，就更困惑自己應該怎麼辦了。也許，他可以試試「社群經濟」的玩法。

什麼是社群經濟？

我們把所有因為某個共同點而聚在一起的人群叫作「社群」，比如他們都愛美食，就可能形成吃貨社群；都愛旅行，就可能形成背包客社群。過去，大家因為地理位置而聚，比如住在附近，就形成社區；在今天的網路時代，大家因為共同興趣而聚，比如都求知好學，就有了羅輯思維社群。**網路因為連接效率的極大提升，讓形成社群變得前所未有的容易。**

但是，社群如何能成為經濟呢？

舉個例子，上海有一個很有意思的生鮮電商——蟲媽鄰里團，當大部分生鮮電商一上來就想要席捲天下時，它則在偌大的中國找了個小角落，用社群經濟的方式苦心經營根據地。二〇一四年，在特斯拉還很稀罕的時候，蟲媽鄰里團的創始人在家門口搞了一個「美女香車賣水果」的活動，吸引了很多鄰居，邀請大家掃 QR code 加入微信群。都是鄰里鄰居的，看起來確實不像是騙子，於是很多人就加入了。蟲媽鄰里團每天擺攤賣水果，每天吸引二三十個鄰居入群，他們用這種現在看起來很原始、低效率的方法，完成了種子用戶的積累，形成了一個愈來愈大的社群。

這個社群能聚在一起，因為大家有兩個共同點：共同的興趣——大家都擔心食品安全，都想吃到美味安全的水果；共同的位置——大家都住在同一個社區，都是鄰居。別小看這兩個共同點，他們解決了生鮮電商的兩個大問題。

第一是庫存問題。先批發水果，再擺攤零售，就一定會有庫存和損耗的問題。蟲媽鄰里團把追求美味安全的生鮮水果的人群聚在一起後，先蒐集他們的需求，再反向按需採購，這就解決了庫存問題。

第二是物流問題。對大型生鮮電商來說，即使這個城市只有一個客戶，也要部署複雜而完備的物流體系。但是，在蟲媽鄰里團，因為大家都是鄰居，所以配送非常簡單，物流成本極大降低。

在中國四千多家生鮮電商中，只有百分之一實現了贏利。而蟲媽鄰里團現在有幾十個群，一．六萬戶人家，卻已經贏利了。贏利的關鍵是：下了單再採購，庫存時間最短；送到固定提貨點，物流成本最低。

我們知道，銷售＝流量×轉化率×客單價。

潛在客戶通過某種通路進入銷售漏斗，比如進了某家店面、訪問了某個網站，或者在微信裡向客服諮詢，這就是「流量」。

這個潛在客戶可能會下單，也可能不會。有多少潛在客戶最後下單，就是「轉化率」。商品和客戶需求的匹配度，很大程度上影響著轉化率。

下了單會買多少東西呢？買完襯衫後有沒有搭配一條領帶？買了領帶後有沒有配套一個袖扣？每一個客戶每一筆訂單消費的價格，叫作「客單價」。

社群經濟為何能讓蟲媽鄰里團成為贏利的百分之一？不是因為它比天貓有更大的流量，而是因為它賣的高品質生鮮水果非常契合這個社群的共同點：追求美味安全食品的鄰居。在銷售公式中，蟲媽鄰里團極大提高了轉化率。

同樣的道理，這也是羅輯思維能賣書的原因。因為羅振宇賣的書契合了這個社群的共同點：求知好學的網友。試想，讓羅輯思維賣水果，或者讓蟲媽鄰里團賣書，效果可能都會大打折扣。

KEYPOINT

社群經濟

社群就是因為某個共同點而聚在一起的人群。從「銷售＝流量×轉化率×客單價」的角度來看，因為這個共同點，社群就是自帶高轉化率的流量。社群經濟，即基於一個共同點，構建一個高頻交互的人群，然後向這個人群銷售與共同點高度吻合的商品，以獲得極高銷售轉化率的一種通路模式。怎麼開始社群經濟？第一，找到一個共同點；第二，用一個載體，比如微信群、公眾號、網路論壇等，聚集符合這個共同點的人群；第三，給這個人群提供最符合他們共同點的商品。

2 自帶流量的粉絲——口碑行銷

要想通過口碑獲得高轉化率的流量，首先產品要真好，然後嘗試在產品功能之外，刻意加上一些傳播元素，或者給予適當獎勵，以促進傳播。

我常被問到一個問題：都說網路時代是好產品的時代，可是到底什麼樣的產品才叫好產品呢？拿過各種獎項、各項指標都最好的產品，就是好產品嗎？

真不一定。太多拿到大獎的產品都是平庸之作，甚至很多獎項本身就不是「好產品」，花錢就能買到。**消費者認為好的產品，才是真正的好產品。**過去，消費者對產品的熱愛或者痛恨都無法輕易獲知，更無法傳播，所以才需要採用一些間接的手段，給產品貼上好壞標籤。但今天，我們有了更直接的手段，叫作「口碑行銷」。

舉個例子，我兒子今年八歲，他參加了一個基於網路的遠端英語培訓。大家都知道，教小孩子英語不簡單，除了老師的母語要是英語之外，他最好還要懂一些兒童心理學。兒子參加的這個培訓，是請美國的小學老師通過網路教中國小孩子英語。我覺得很有意思，站在旁邊聽了一整節課，發現兒子很喜歡，效果也確實不錯。於是，我「忍不住」（「忍不住」這三個字非常重要）拍了一張照片，分享到朋友圈。

我的微信裡有幾千個好友，很多都是我的企業家學員、各大公司高階主管、業內知名人士、商界大腕和領軍人物。所以，我分享產品非常慎重，因為這代表了我的信用。經常有企業家朋友提出，想付費請我在朋友圈為他們的產品宣傳一下，對此我都是拒絕的。因為，我宣傳的每一樣東西都被我的信用背書。所以，我常常會「忍住」，但這一次，我沒忍住。

果然，發完朋友圈後，很多朋友留言或者私信問我是哪個網站，說自己家的孩子也想試試。於是，我就告訴了他們。過了幾天，他們又來問我是用哪個名字註冊的，原來網站有個活動——給推薦人送十節課。我一聽，這是好事啊。所以，我的帳戶裡就多了很多課。我特別高興，「忍不住」又分享了一遍。

我的第一次「忍不住」和第二次「忍不住」是不一樣的。第一次忍不住，是因為產品好到了一定程度，讓我願意用個人信用為它背書；第二次忍不住，是因為得到了獎勵。

還記得我們前面說過的銷售公式嗎？銷售＝流量×轉化率×客單價。通過我的分享，這個產品獲得了幾千個免費流量，而且因為我的背書，這幾千個潛在客戶的轉化率也非常高。這就是口碑行銷。

口碑行銷，就是產品好到了一定程度，讓用戶「忍不住」發到朋友圈，顯著提高了銷售公式中的流量和轉化率。**口碑行銷是行動網路時代那些真正的好產品的紅利。**

回到最開始的問題上來，什麼才是好產品？過去，在各行各業裡，好產品有很多不同的間接標準。但是在行動上網時代，好產品開始有了統一的直接標準，那就是：好到讓用戶忍不住發朋友圈。

在傳播上，一直有一個叫作「POE」的概念。什麼意思？P指的是paid media，就是「付費媒體」，比如在報紙上登廣告、冠名贊助電視節目等；O指的是owned media，就是「自有媒體」，比如企業的公眾號、官網等；E指的是earned media，就是「無償媒體」，指不屬於自身，但自身也沒花錢，而是別人自發的傳播，這是傳播的最高境界。今天的微博、微信朋友圈，就是被行動上網放大了的「無償媒體」。好到讓用戶忍不住發朋友圈，就是獲得了大量的「無償媒體」。

我們應該如何利用口碑行銷的邏輯，在微博、微信朋友圈獲得免費的「無償媒體」呢？

第一，真正的站在用戶角度，做好產品。不斷交互，不斷測試，使產品好到讓用戶「忍不住」，覺得不發朋友圈都對不起自己的朋友。為此，企業要不遺餘力，否則，口碑行銷就不是企業的紅利。

第二，在產品中，可以刻意加上一些值得傳播的東西。比如「我出錢請五個朋友免費閱讀」、「我今天走路的步數，擊敗了百分之九十三的好友」等。

第三，可以適當的使用一些激勵政策。比如前面提到的贈送課程，比如餓了麼、大眾點評、滴滴打車等，用戶消費完後都可以分享紅包給朋友。

KEYPOINT

口碑行銷

行動上網時代，因為傳播成本極大降低，好到讓用戶忍不住發朋友圈的產品，可以通過大量幾乎免費的「無償媒體」，獲得巨大的流量，同時提高轉化率。享受口碑行銷，需要做到：第一，產品必須真的好；第二，在產品功能之外增加一些傳播元素；第三，適當的獎勵可以增加傳播動力。

3 終生免費的流量——單客經濟

想要提高消費者的重複購買率，需要建立和用户溝通的平台（微信公眾號等），增加用户的信任感，為其提供多樣化的產品或服務。

在「銷售＝流量×轉化率×客單價」的公式中，社群經濟因為主要提升了轉化率，所以被稱為「自帶高轉化率的流量」；口碑行銷因為同時提升了流量和轉化率，所以被稱為「自帶流量的粉絲」。那麼，在網路世界，有沒有什麼工具能提高銷售公式中的第三個變量——「客單價」呢？

當然有。舉個例子，一個人去水果店買水果，店老闆說：「加一下我的微信吧，可以便宜五元。」這個人覺得挺好，就加了店老闆的微信。晚上七點鐘，店老闆發來消息：今天剛進的一批山竹沒賣完，如果需要，可以三折出售。三折?!這也太便宜了！因為水果今天賣不出去，明天就不新鮮了，三折就當是清理庫存了。這個人覺得很划算，說不定會買一些。

晚上十點鐘，店老闆又通知：明天早上店裡會進一批從深圳南山空運過來的荔枝，需要的話，現在預訂可以打七折。為什麼能七折賣？因為先預訂再採購，水果店完全沒有擺攤的損耗。這個人覺得很划算，說不定也會買一些。

最後，這家水果店的生意愈來愈好，旁邊店的生意愈來愈差。其他店老闆都不知道是為什麼。其實，是因為這家店通過直接、高頻的連接，把每個消費者都變成了重複購買的客戶。這種通過網路的連接效率，提高消費者重複購買率，增加單客總體銷售額的現象，就叫作「單客經濟」。

重複購買，是每一個企業家夢寐以求的目標。所謂「客戶終生價值」，就是一個客戶一輩子一共買了多少企業的產品。很早之前就有人關注這個問題了，通用汽車（General Motors，GM）的負責人曾說過：一個通用汽車客戶的終生價值是七萬美元。不過，在企業與消費者連接很脆弱的情況下，客戶終生價值是很難實現的。

比如，我與某大型家電企業的高階主管溝通時，他說企業有近一億用戶。我對他說：「一旦冰箱送到家，你和用戶之間就失去聯繫了。比如用戶的冰箱壞了，或者搬家想買個新的，還會找你嗎？不會。他只會上京東，或者去蘇寧。就算在京東買的還是這個品牌的冰箱，你卻需要付給京東一筆流量費，京東甚至可以推薦用戶購買別的品牌。只有你與用戶產生了直接、高頻的互動，他才真正是你的用戶。」

那麼，企業應該如何利用行動網路建立直接、高頻的互動，從而促使消費者重複購買，發揮客戶終生價值，實現單客經濟呢？

這裡有三個建議。

第一，建立用戶容器。水果店老闆加微信就是一種最簡單有效的方式。如果用戶數量比較多，微信群也不錯。但要注意，在微信群裡，壞消息有著巨大的傳染性。如果企業對自己的產品信心不大，要慎用微信群。掌控欲望強一些，互動需求特殊一些的企業，可以開發自己的應用程式。但也要注意，獨立應用程式獲取初始用戶的過程漫長而艱難。如果只是想單向廣播，朋友圈、微信公眾號等都是不錯的容器。

第二，邁過黏著度邊界。有贊的創始人白鴉說過，百分之十的消費額是黏著度邊界。周邊小區有多少住戶？在這個店裡買水果的有多少家庭？一個家庭一年在水果上的消費有多少錢？假設是一萬元的話，單是在這個水果店裡的消費有沒有超過一千元？如果不到百分之十，說明水果店對消費者沒有黏著度，或者說，消費者對水果店沒有信任感。隨著人們對消費品質的要求愈來愈高，大家更願意去消費那些習慣性信任的東西，而不是最便宜的東西。當然，**便宜永遠都重要，但是有一個比便宜更重要的東西，就是「對便宜的信任」**。沒有這種信任，客戶隨時會拋棄你。

第三，滿足關聯需求。怎麼才能邁過黏著度邊界呢？企業應該想的是：我對這個單客的價值夠不夠大？比如，一個水果店不能只賣一種水果，甚至可能會賣零食。服務一個客群，提供豐富的價值，總之要覆蓋超過百分之十的消費。這個思路類似於前面提到的社群經濟，基於聚集人群的共同屬性，為其提供多樣化的產品或服務。

KEYPOINT

單客經濟

利用行動網路建立直接、高頻的互動，從而促使消費者重複購買，發揮客戶終生價值，這就是單客經濟。單客經濟提高了「銷售＝流量×轉化率×客單價」中的第三個變量「客單價」的次數。單客經濟是終生免費的流量。如何運用單客經濟？記住三件事情：建立用戶容器、邁過黏著度邊界和滿足關聯需求。

4 像病毒一樣傳播——引爆點

網路時代想要引爆傳播，需要找到特定的環境，找到那些超級連接者，修改資訊的表達方式，使其更具傳染性，然後就等待「砰」的一聲，引爆了。

有人做了一個非常好玩的視頻，想發出去引爆朋友圈，但結果朋友圈一點反應都沒有，別說引爆了，連轉發的人都沒有幾個。出了什麼問題？為什麼沒有引爆？為什麼六度空間理論[24]在這裡就失效了呢？

其實，不是六度空間理論失效了，而是這個人沒有找到引爆點。

舉個例子，羅永浩發布了最新款的錘子手機，整個發布會一如既往的精采。但是，他的手機發布會卻意外捧紅了一款應用程式：訊飛輸入法。羅永浩在發布會上

24　六度空間理論（Six Degrees of Seperation）：即在人際脈絡中，要結識任何一個陌生朋友，這中間最多只要通過五個朋友就能達到目的。

說，訊飛輸入法「由於一個錯字都沒有，甚至顯得有點假」，這就是「一個語音輸入法正確率達到百分之九十七時的壯麗景觀」。發布會結束後，一夜之間，訊飛輸入法在應用商店裡衝到了工具榜第三位，成為排名最高的第三方輸入法。

訊飛輸入法之所以能引爆，不僅僅是因為產品好。產品好，從傳播的角度來說，是不夠的，或者說，是不夠快的。想要快，就要找到類似於羅永浩這樣的「個別人物」。

英裔加拿大作家麥爾坎・葛拉威爾（Malcolm Gladwell）在二〇〇九年出版了《引爆趨勢：小改變如何引發大流行》（*The Tipping Point: How Little Things Can Make a Big Difference*）一書。他在書中提到，想要引爆傳播，有三個法則：第一，少數原則；第二，定著因素；第三，環境力量。

訊飛輸入法通過羅永浩獲得了引爆，就是應用了少數原則。什麼叫少數原則？

在社交網路的六度空間中，那些真正的超級傳播者有三種類型。

第一種，叫「聯繫員」。我們身邊總有一些朋友，「什麼人都認識」。他們像蒐集郵票一樣認識朋友，並且花費巨大的精力和那些人保持聯繫。他們是六度空間中的重要傳播節點，這個角色可以把資訊最快速的散布出去。

第二種，叫「內行」。也有一些朋友，「什麼事情都懂」。他們對某項知識特別有研究，也很樂於與身邊的人分享這些知識。在某項知識方面，朋友們都非常信任他們的判斷。

第三種，叫「推銷員」。估計還有一些朋友，「什麼人都能說服」。他們也許沒有很深的知識，但就是有種神奇的能力，即所謂的「現實扭曲場」，總是能說服身邊的每一個人。

你覺得羅永浩是哪一種？他是難得的三種特質兼具的人。他推薦的產品，想不引爆都很難。

那麼，對你來說，你的聯繫員、內行和推銷員在哪裡？不妨列一張清單，**找到自己人際網路中的關鍵節點，他們會是最重要的散播資源。**

麥爾坎講到的另外兩個法則是定著因素和環境力量。

什麼叫定著因素？

有個故事：一個盲人寫了塊「我是盲人，需要幫助」的牌子，坐在路邊等待施捨。願意施捨的路人非常少。有個女孩子路過，她把牌子翻過來，重新寫了一句話，再放回去。沒想到，施捨的人突然多了起來，很多路人都會駐足，在口袋裡翻找零錢。這個女孩子到底寫了什麼？她寫的是：今天真是美好的一天，但是我卻看不見。

這就是定著因素——有一些特別的方式，能夠使一條具有傳染性的資訊被人記住。只要在資訊的措辭和表達上做一些簡單修改，就能在影響力上收到顯著的效果。

什麼叫環境力量呢？

就是當我們身處一個大環境的時候，自己都不知道自己怎麼就這樣了。有一本著名的書叫《烏合之眾》（*The Crowd: A Study of the Popular Mind*），它的核心觀點是：雖然每個人可能都是理性的，但是個人一旦融入群體，他的個性便會被淹沒，群體的思想便會占據絕對統治地位。與此同時，群體的行為也會表現出排斥異議、極端化、情緒化，以及低智商化等特點。也就是說，在網路時代，人們會被環境，尤其是情緒環境所影響，自己卻不知道。

每次網路上出現熱點事件，群眾的關注度、事態發展、情緒走向，就形成了一個不斷變化的環境力量場，抓住公眾熱點和情緒的資訊，就特別容易傳播。比如在行動網路時代像神一樣存在的杜蕾斯（Durex），每次重大事件發生後，它都能用巨大的腦洞，通過自己的產品來演繹這個事件，常常讓人拍案叫絕，以至於每出一件大事，人們都會主動上杜蕾斯的微博，看看它怎麼說。

KEYPOINT

引爆點

在行動網路時代，引爆傳播有三個法則：少數原則，找到超級傳播者，即聯繫員、內行和推銷員；定著因素，讓資訊本身具有傳播性；環境力量，在特定環境中，資訊更容易被傳播。用一句話來總結：在最合適的環境中，把最適合傳播的資訊扔給最適合傳播的人群，然後就等待「砰」的一聲，引爆了。

5 會衝浪的人，必須也要會游泳──紅利理論

密切關注科技、政策、用户的變化，抓住趨勢的紅利，就可能獲得商業上的成功。但要獲得長久成功，還是要回歸核心競爭力。

網路真的會徹底改變商業世界嗎？如果是真的，為什麼馬雲說阿里巴巴不再是一家電子商務公司，而大談「新零售」呢？為什麼著名的女裝淘品牌茵曼，要在線下推廣「千城萬店」計畫呢？為什麼網路金融以前說要幹掉銀行，現在卻申請牌照打算自己開銀行呢？

再風光的東西，都注定會曇花一現。有什麼東西是即使遇到再大困難，都終究會成功的呢？要回答這個問題，就要深刻的理解「紅利」。

什麼叫紅利？

我們在前面講「流量之河」的概念時說過，電商從來都不是一種更先進的商業模式，它只是處在某一個特殊的歷史階段，上網的消費者數量急遽增加，可商戶卻很少，

所以讓少部分敏感者享受到了一段時間的低成本流量。這種因為某些基礎要素發生變化，而產生了短暫的供需失衡，被少部分敏感者抓住的商業現象，就叫作「紅利」。

淘寶從二〇〇三成立到二〇一六年的這十三年時間裡，最開始用戶增長速度很緩慢，而今天幾乎人人都會網上購物，用戶增長速度也很緩慢。在這中間，一定有個階段，用戶數量突飛猛進的增加，但是商家卻很少，這段時間就是紅利期。

後來，很多人開始意識到，原來上網賣東西真能賺錢啊！於是紛紛上網開店。這時，電商的紅利就消失了。所以，無論是阿里巴巴，還是小米，或者說所有依存於網路的電商機構，都開始重新回到線下尋找流量。**所有的紅利終將消失，消失後，商業再次回歸本質，開始競爭產品、創新和效率。**

會衝浪的人，必須也要會游泳。

除了電商之外，網路還給了哪些企業紅利呢？

比如羅輯思維。

微信是二〇一一年成立的，到二〇一六年，全球用戶已經有八億。在二〇一一年最初階段和二〇一六年之後，微信的用戶增長都是相對緩慢的。而在這中間，尤其是二〇一三年、二〇一四年，微信用戶突飛猛進的增長。所以在前兩三年，隨便做一個微信公眾號，比如叫「冷笑話精選」或者「假裝在紐約」，就可以獲得很多關注。因為當時，你是在和「荒蕪」競爭。那段時間就是微信的紅利期：用戶已改變，而商家還沒有。羅輯思維、吳曉波頻道，都享受了這個紅利。

但現在，微信裡已經有了兩千萬個公眾號。假設用戶打開公眾號的總時間不變，平均花在每個公眾號上的時間便顯著降低。今天，就算你比羅振宇更有才華，產品比他的好一百倍，也很難超過他了。因為他通過和「荒蕪」競爭獲得了優勢，而你是在和「充沛」競爭。紅利，已經被先入者吃完。

所以，紅利是一個時間屬性很強的東西。它是因為某些基礎要素發生了變化，而產生的短暫性供需失衡。抓住這個短暫的失衡，迅速占據市場份額，然後修建護城河，就有機會成就新的商業帝國。這也是為什麼張瑞敏會說「沒有成功的企業，只有時代的企業。」

那麼，我們應該如何抓住這些稍縱即逝的紅利呢？

第一，關注科技的變化。每一次重大的商業變革，無不是因為一個基礎要素發生了變化，比如政策、科技等。一種新科技的商用化，可能會極大提高生產力。我們都學過，生產力決定生產關係。所以，科技的進步一定會最終改變所有牢固的商業模式，就像電商對零售業的改變。密切關注科技進步，並保持思考：我的行業能如何利用這項科技提升效率。

第二，關注政策的變化。政策的變化是商業變化的一個重要變量。比如，匯率的改變，可能會影響外貿生意；人口結構的改變，可能會影響製造業成本；利率的調整，可能會影響固定資產投資；四萬億的投入，可能會帶來基礎建設的繁榮等等。

第三，關注用戶的變化。美國有一波經濟發展是被戰後嬰兒潮帶動的，中國也類似。六〇後、七〇後是中國的購買主力，這些人到了什麼年齡階段，買什麼，什麼行業就賺錢。關注這些人消費習慣的變化，就有機會抓到消費趨勢的紅利。年輕的九〇後、千禧後，當他們全新的生活習慣慢慢形成主流，也會帶來新的紅利。

KEYPOINT

紅利

科技、政策、用戶發生變化，會形成短暫的供需失衡，給商業機構帶來機遇。紅利，有很強的時間屬性，迅速彌補失衡，就能占領市場，獲得優勢。抓住紅利後，想要獲得長久成功，最終還是要回歸核心競爭力。不要把紅利當成商業模式，更不能當成核心競爭力。要有抓住紅利的能力，更要有區別紅利和核心競爭力的智慧。

筆記時間

第十三章

所有現象背後都有商業邏輯

每一件事情背後，都有其商業邏輯——**對賭基金**

讓客戶幫你管理員工——**僱用客戶**

你是在狩獵，還是在農耕——**農耕式經營**

美國有沒有網路思維——**打開慧眼**

用商業的理念做公益事業——**社會責任**

1 每一件事情背後，都有其商業邏輯——對賭基金

每一件事情背後，都有其商業邏輯。了解得愈多，眼中的世界就愈清晰，就愈能高效應對身邊的人和事。

我是一個不怎麼愛運動的宅男，除了偶爾去南極、北極旅遊，攀登一下吉力馬札羅山，在國內基本都宅在家裡，出差的時候也很少邁出飯店。但是我知道，運動確實很重要，所以有時會逼著自己抽空去打球，但是真的堅持不下來。於是，我就拉三五個好友一起去，但還是堅持不下來。很痛苦，這可怎麼辦呢？

還好，我是研究商業的。**每一件事情背後，都有其商業邏輯**。我可以用商業的方式來解決這個問題。

商業的武器庫一打開，裡面琳琅滿目。用什麼兵器呢？我挑選了「沉沒成本」、「損失趨避」、「適應性偏見」和「誘因相容」這四件兵器，然後設計了一個「對賭基金」：我和五六個朋友約定好，每人先交一千元，放入一個獎金池。然後，大

家每週六都要去練球，只要去了，就可以從對賭基金裡領取一百元的「簽到獎金」。這個規則很簡單，理論上，只要每個人堅持每次都去，十次之後，大家都會把自己的錢拿回來。但是如果有一次，只要一個人沒去，那麼一直堅持去的人，在超過十次之後，就可以拿別人的錢了。

我們先來想一想，這個看似簡單的「對賭基金」用了哪些兵器。第一，它用了「沉沒成本」。當我們每個人掏出一千元後，我們都付出了一筆沉沒成本。如果不去，就會想「錢都給了，不去就等於浪費了」，這就對每次「去和不去」的決策造成了正向的激勵。

第二，它用了「損失趨避」。如果有個土豪朋友說：你們都別掏了，我出所有的錢，誰來了就有獎金。這有用嗎？這個激勵作用一定不如自己掏錢再拿回去的大。因為損失一百元的心疼，遠遠大於得到一百元的快樂。

第三，它用了「適應性偏見」。我們前面說過，持續的滿足來自對比幸福感。要是一個人總是缺席，一直沒有拿回自己的錢，而另一個人每次都來，現在都開始拿別人的錢了，這種幸福感的激勵，會在損失收回後，持續激發運動激情。

第四，它用了「誘因相容」。如果把金錢的激勵當作私利，把身體的健康當作公利的話，在這套激勵制度中，個人愈想賺錢，身體就會愈好。對利益的追求和對身體健康的追求，完全誘因相容。

這不僅是個例子，也是一件真事。這個規則得到了朋友們的一致贊同，大家紛紛掏錢，在那段時間裡，所有人的鍛鍊積極性明顯高漲，熱情大增，運動也變得不再枯燥無味。

所以我說，每一件事情背後，都有其商業邏輯。熟讀兵法的人，舉手投足皆兵法。我設計出這套運動對賭的邏輯後，又在想：這套邏輯有沒有可能用在真正的商業項目裡呢？於是，我把這個方法告訴了周圍一些運動行業的創業者，他們也開始把這個邏輯用在自己的產品裡。

後來，我注意到微信裡出現了一種類似的玩法，叫作「不跑就出局」。規則也很有趣：第一，在「不跑就出局」的微信平台加入或創建一個跑班，每人拿出一筆錢作為跑步契約金；第二，使用跑步應用程式記錄數據，依據班級要求完成作業，提交至微信公眾號，按照提示完成打卡；第三，少跑幾天則扣除幾天的契約金，納入跑班獎金池；第四，一週結束後，每人剩餘的契約金全部歸還，成功堅持下來的跑友平分跑班獎金池。

是不是和我設計的運動對賭基金有點像？

這個活動引起了巨大的反響，截至二〇一六年七月，參加「不跑就出局」跑步計畫的，已經近十萬人。這個計畫的創始人因此拿到聯想樂基金兩百萬元的投資，俞敏洪的洪泰AA加速器也跟投了一百萬元。

KEYPOINT

對賭基金

每一件事情背後，都有其商業邏輯。我們了解得愈多，眼中的世界就愈清晰，就愈能高效應對身邊的人和事。

2 讓客戶幫你管理員工——僱用客戶

當管理成本大於交易成本時，這件事就該交給市場做，而不是企業自己做。企業要想辦法僱用客户來幫忙管理員工，提升服務水平。

前段時間，我去一家火鍋餐廳吃飯，發現一件很有趣的事。我坐下點完單之後，一個服務員拿來一個沙漏往桌上一放，說：「先生，您點的餐將在十分鐘之內上齊。沒上齊的話，我們會送您一盤水果。」我一聽，還有這樣的好事啊！這讓我想起以前一個朋友跟我說過的，他去另外一家餐廳吃飯時，也遇到過類似的場景，如果二十五分鐘內沒有上齊菜，那麼超時部分的菜品就能免費。

有人可能會覺得，餐廳這麼做是為了讓顧客感受到更真誠的態度和更優質的服務。是的，但不僅僅是這樣，這件事背後還有一個非常有趣的商業邏輯，叫作「僱用客戶」。

什麼是僱用客戶？

一家餐廳的總收入，大概等於每桌所點菜品的價格，乘以餐廳的滿座率，再乘以每桌的翻桌率。翻桌率指的就是一張桌子一天能接待多少組客人。

餐飲行業中翻桌率的概念，與零售業、投資界的周轉率類似。一天的翻桌率是兩次還是三次，會有非常大的差別。我在上海投資了一家小龍蝦店，所以我知道，如果增加宵夜，就能把翻桌率做到四次、五次，這可能直接決定了店鋪是虧損還是盈利。

提高翻桌率有兩個辦法。

第一個辦法是讓顧客吃得盡量快一點，比如在肯德基裡面，放快節奏的音樂、用硬凳子等，都是這個目的。但是，餐廳只能暗示，顧客吃得快或慢，不是餐廳能完全決定的。

第二個辦法是提高上菜速度，通過減少顧客的等菜時間來提高翻桌率。上菜速度是餐廳可控的，並且是非常重要的影響翻桌率的因素。

那麼，上菜速度怎麼才能提高呢？

很多餐廳的基本做法是下達管理指標：必須在十分鐘之內上齊菜。可是上菜這件事，很難找到好的監督辦法。假如一個連鎖餐廳在全國有上百家分店，總不能派監督隊一家店一家店的去檢查吧？這麼做，覆蓋不了幾家分店，即使是覆蓋範圍內的分店，也不可能一桌一桌的檢查吧？要是抽查的話，抽查比例能達到百分之一，甚至千分之一，就已經很不錯了。所以，通過「下達任務＋抽樣檢查」的管理手段來提高上菜速度，是非常低效的。

其實有個簡單的方法，那就是：僱用客戶。先給顧客預設一個獎勵，比如一盤水果，然後在他面前放一個計時的沙漏。有獎勵，有工具，這兩樣東西放在一塊兒，顧客就被僱用上崗，來幫助餐廳監督上菜時間了。

像最開始講到的火鍋餐廳，如果十分鐘內沒上齊菜，餐廳就得送水果。這盤水果並不貴重，成本也許只有五元或十元。餐廳用這樣低廉的成本，僱用每一個顧客來監督餐廳的上菜速度。這種方式的好處是：每一家餐廳、每一個時間點、每一桌菜品，檢查率都是百分之百。這樣，餐廳經營的行為指標，即上菜速度，就能得到非常好的貫徹。上菜速度得到提高，翻桌率就會提高；翻桌率得到提高，餐廳的經營效率就會提高；經營效率得到提高，餐廳的收入也會因此大大提高。

現在，我們打開商業兵器庫看一看，這家餐廳還使用了哪些兵器呢？還使用了「交易成本」。當管理成本大於交易成本時，這件事就該在企業外部完成，交給市場去做，而不是企業自己來做。

僱用客戶，就是把對員工的管理變成與客戶的交易。

那麼，這家餐廳僱用客戶的小邏輯，有沒有可能變成商業世界的大邏輯呢？

很多人都知道，在美國用餐有給小費的習慣。顧客根據自己的滿意度，給服務員小費。這就相當於把餐費的一個組成部分——服務員的薪資，交給顧客來發，即餐廳通過交易的方式，僱用顧客給服務員發薪資；如果顧客不滿意，也可以給服務員扣薪資。所以，小費是一種有效的僱用客戶來提升服務水平的手段。

而國內大部分餐廳採用的是管理的方式，主觀考評服務員，導致有些餐廳的服務員態度懈怠。

在中國，大家沒有給小費的習慣，但是有打分的習慣。比如我們通過應用程式叫車，下了車，付了款之後，應用程式會請求對司機做點評。因為有點評，司機的態度就會特別好。這個叫車應用程式就是僱用客戶來提升司機的服務水平，而代價可能只是給與下次叫車的紅包。

KEYPOINT

僱用客戶

僱用客戶，就是先給客戶一個預設的獎勵，再給他一個工具。獎勵和工具，這兩樣東西放一塊兒，客戶就能被僱用上崗，幫助企業來監督管理員工。

3 你是在狩獵，還是在農耕——農耕式經營

當市場從爆發走向成熟，企業也該從狩獵式經營走向農耕式經營。單客經濟、獎金制度銷售激勵和合夥人制度，能夠有效激勵企業員工。

我在一家很成功的企業擔任戰略顧問。這家企業過去的生意突飛猛進的發展，一直是業內翹楚，但是近一段時間，行業環境突發巨變，直接從盛夏進入了寒冬，競爭者面臨一場殘酷的淘汰賽，「活下去」變成企業最重要的訴求。大家都很緊張，以前一路攻城略地的打法可能不再有效了。怎麼辦？

我們做了很多調查研究，進行了很多分析，開了很多會，最後決定：從狩獵式經營轉向農耕式經營。

什麼叫狩獵式經營？什麼叫農耕式經營？

先說狩獵式經營，用一個字來總結，就是——搶。

獵人獲取食物的方式是上山打獵。沒吃的了，就去打隻兔子吧！如果一不小

心，打到一頭野豬，可以吃好幾天；吃不下的，就晒成肉乾，留到冬天。在資源極度豐富的情況下，狩獵給了獵人很大的自由度，但代價是不確定性。

對應到商業世界，這就是狙擊手式行銷，打一槍換一個地方，四處投標。反正潛在客戶多，槍法好，生意居然也愈做愈好。遇到難的和容易的，先挑容易的；遇到大的和小的，先挑大的。狩獵式經營是在市場足夠大、競爭對手不夠多時，企業搶奪市場份額的常用策略。

再說農耕式經營，用一個字來總結，就是——種。

農民獲取食物的方式是下地耕種。春天種秋天的，秋天囤冬天的。耕種不像狩獵，無法「立等可取」，而是積蓄千般辛苦，獲得一朝收穫。土地是農民的生命，向土地索取產出，也呵護好土地，是農民的首要責任。

對應到商業世界，客戶就是企業的「地」，企業被綁在這塊地上，犧牲了自由度，但是卻換來了確定性。要想讓客戶重複購買，就要依靠優秀的產品和發自內心的卓越服務，不斷提升客戶體驗，獲得客戶終生價值。農耕式經營，是市場格局穩定、競爭對手林立時，企業獲得穩定增長的常用策略。

市場從爆發階段走向成熟階段，企業也從重視自由度走向重視確定性，從狩獵式經營走向農耕式經營。

要怎麼做呢？

我們又打開了商業兵器庫，從裡面挑出三件兵器：單客經濟、銷售激勵和合夥人制度。

首先講單客經濟。對銷售的考核，從只考核總業績變為考核指定城市、指定客戶的業績。過去是「打土豪」，今天是「分田地」。每人分一塊地，不管肥沃還是貧瘠，分到誰頭上就是誰的。銷售要在這些指定的城市、指定的客戶身上用心耕耘，以追求同一客戶重複產出的確定性，而不是「今天運氣好，又打了幾隻兔子」。把客戶關係和重複購買放在第一位，這就是單客經濟。

再講銷售激勵。分完地之後，再分錢。過去公司用拆帳制，僥倖獵殺一隻暴龍，整條腿都切給銷售，於是大家都去找恐龍了，兔子沒人理。現在改為獎金制：設定一個銷售指標和一個獎金包，完成多少比例的銷售指標，就拿多少比例的獎金包。根據情況，每塊土地上的銷售指標、獎金包都不一樣，這樣，在新疆種千斤哈密瓜的人和在江南種萬斤水稻的人就可能拿一樣的獎金了。土地再貧瘠，只要指標低，也有人願意耕種。多年耕耘，再貧瘠的土地也會肥沃。

最後講合夥人制度。分完錢之後，再分權。合夥人制度就是一種「聯產承包責任制」[25]，這塊地是你負責的，那麼我只拿一千斤；超額部分，你六我四。有了當家做主的權利後，員工就會想盡一切辦法提高畝產，服務好客戶。

農耕式經營就是先分地，再分錢，再分權。也就是我們講過的，單客經濟、獎金制銷售激勵和合夥人制度。

這種農耕式經營，能用在更廣泛的商業領域，被其他企業採用嗎？

當然可以。我在領教工坊[26]帶領一個私人董事會，十幾位組員都是各行各業成功的企業家。有一位組員創立了一家公司，做不在道路上「開膛破肚」就能往地下埋管線的傳統工程。公司在上海狩獵式的攻城略地，做得很成功。發展到一定階段後，現在也開始慢慢進入農耕式經營。他把公司原來的三個事業部拆散為若干個「聯產承包責任組」，指定客戶，然後用獎金制和合夥人制度管理。這些小組交足

25 （家庭）聯產承包責任制：是中國大陸於一九八〇年代初期在農村推行的一項改革開發制度，也是中國大陸農村現行的基本經濟制度，由國家與農民訂定合約，規定農民將指定數量上繳給國家後，其他餘糧由農民自行處理，可在市場出售。

26 領教工坊：以「私人董事會」方式進行領導力訓練的中國民營機構。

了公司的合理利潤後，超額利潤則由小組拿百分之六十，公司拿百分之四十。這個制度實行不到一年，整個公司的精神面貌大變，業績暴漲了百分之七十。

KEYPOINT

狩獵式經營VS農耕式經營

狩獵式經營，用一個字來總結，就是——搶。狩獵式經營是在市場足夠大、競爭對手不夠多時，企業搶奪市場份額的常用策略。農耕式經營，用一個字來總結，就是——種。農耕式經營，是市場格局穩定、競爭對手林立時，企業獲得穩定增長的常用策略。狩獵式、農耕式，各有特點，適合企業不同階段。從狩獵式走向農耕式，需要三件兵器：單客經濟、獎金制銷售激勵和合夥人制度。

4 美國有沒有網路思維——打開慧眼

商業世界，被無數規律同時作用。學到的規律愈多，眼中的世界就愈清晰，也愈會「看情況」，以不變應萬變。

學習商業知識，能加持企業，能擦亮我們看清世界的慧眼。那該如何打開慧眼呢？比如，我問一個問題：美國有沒有網路思維？回答這個看似簡單的問題，要動用商業兵器庫中的兵器卻不少，像**流量之河**、**倍率之刀**、**價量之秤**、**資訊對稱**、**邊際成本**、**機會成本**、**人口撫養比**和**全通路零售**。

美國和中國的網路有差異嗎？在美國，最重要的購物節是「黑色星期五」。這一天凌晨，商店的大門一拉開，顧客就會像潮水一般湧入。中國沒有「黑色星期五」，但是有「雙十一」。「雙十一」的第二天，很多快遞分揀站的包裹堆得漫山遍野。二〇一六年的「雙十一」，一天的包裹多達十億個。

為什麼會這樣？中國的網路比美國更先進嗎？不是先進，而是不同。這個「不同」，體現在四個方面。

第一，物流。在「全通路零售」裡講過，所有的銷售，最終都是資訊流、金流、物流的萬千組合。通過對通路的本質分析，我們就會發現，美國和中國的物流成本很不同。美國地廣人稀，人工昂貴，可能連開車從一家到另一家，都需要半小時。在中國呢？騎輛電動車到小區門口，一棟樓就有好幾件包裹，一個小區的包裹估計一趟就送完了。居住密集，人工便宜，導致中國「最後一公里」的物流非常便宜。原來一批廉價勞動力在工廠裡，現在都跑到路上送快遞了。

這種狀態能持久嗎？恐怕很難。我前面講過「人口撫養比」，中國勞動力一代代減少，薪資一年年增高。九〇後、千禧後多半不願意做快遞員，就算願意，價格也會愈來愈高。今天我們買個一百元的東西，花六元的運費就能送到家。如果有一天運費漲到六十元，還會有人買嗎？

所以，居住密集度和勞動力價格導致「最後一公里」的物流價格不同，使美國的電商和中國的電商之間出現巨大差異。

第二，地產。大概從一九九七年開始，中國地產成本不斷攀升，今天所有線下零售的很大一部分都交了「地產稅」。我在講「機會成本」時說過，房地產是所有行業的機會成本，線下要賺錢，收益必須大於租金。在「流量之河」裡講過，租金又是線下零售的流量成本。電商沒有這部分成本，於是形成巨大的流量成本落差。網路衝擊線下零售，勢如破竹。

而美國呢？房地產並沒有如此瘋狂，成本落差並不明顯。這是中美網路的另一個差異。

這種狀態能持久嗎？不一定。如果線下零售無法贏利，紛紛關門，租金必然下跌，新平衡就會形成。

第三，人口。德國有一家網路公司的網站首頁上赫然寫著：我們的使命，是成為全世界除美國和中國之外最大的網路平台。使命是一個公司所能想到的最遠的未來，德國公司能想到的最遠的未來也不能和美國、中國相比，為什麼？因為網路是一個人口遊戲。我在「邊際成本」裡講，網路非常重要的作用就是把邊際成本降為零。所以，人口愈多的國家，網路效應愈明顯。在講「價量之秤」的邏輯時也提到過，因為人口多，中國企業就可以用日本企業、德國企業，甚至連美國企業都看不懂的方式，把價量之秤的砝碼完全撥到「量」的極端。

人口數量，也是中美網路的重要不同之處。

第四，效率。中國改革開放以來，零售業發展時間不長，還沒有出現沃爾瑪這樣的巨頭，大量零售企業還在靠資訊不對稱賺錢。我在「資訊對稱」裡說過，網路來了，幹掉了資訊不對稱，這是網路影響商業的底層邏輯。所以，中國零售業面臨巨大衝擊。而美國的零售業已經非常成熟，效率非常高，沃爾瑪、好市多都在極低毛利下運行，梅西百貨（Macy's）有百分之四十的商品都是自營的。相比之下，中國零售業的效率太低，所以網路舉起了「倍率之刀」，一刀一刀砍下去。

最後，對於「美國有沒有網路思維」這個問題，如果我們能拿出商業兵器庫裡的流量之河、倍率之刀、價量之秤、資訊對稱、邊際成本、機會成本、人口撫養比和全通路零售來分析，看清楚中、美在物流、地產、人口、效率四個方面的不同，就能得到答案了。

商業世界，被無數規律同時作用。也許只學會一招，你就會覺得自己天下無敵。隨著學到的規律愈多，眼中的世界就愈清晰，也愈會「看情況」，以不變應萬變。思考時靜若處子，行動時動若脫兔。

KEYPOINT

美國有沒有網路思維

如果我們能拿出商業兵器庫裡的流量之河、倍率之刀、價量之秤、資訊對稱、邊際成本、機會成本、人口撫養比和全通路零售來分析，看清楚中美在物流、地產、人口、效率四個方面的不同，就能得到答案了。

5 用商業的理念做公益事業──社會責任

即便是公益事業背後，也有其商業邏輯。運用商業手段，匹配需要幫助的人和能幫助別人的人，就可以更高效的幫到更多人。

商業的目的是什麼？以我的淺見，**商業的目的是讓人類的生活更美好**。所以，我嘗試把商業的邏輯運用到公益事業中，希望能幫助更多人。

假設有一個公益宣傳片，畫面上是山區的孩子們睜著渴望學習的大眼睛，但他們卻沒有書可讀。這個畫面讓很多人的心靈深受震撼，想要為這些孩子做些什麼。

那麼，能做些什麼呢？

有的人想到的辦法可能是到車站門口擺個攤，號召大家一起捐書，到了週末，再高高興興的把收集到的上百本書寄給這些孩子。

一位商業人士覺得這種做法精神可嘉，但效率太低。他找到一家服裝連鎖店的老闆，說服老闆在全國上萬家連鎖店門口貼上明顯標誌，把服裝店變成固定捐書點。人們慢慢養成了習慣，有想捐的書就會送到店裡來。

用前面講的「流量之河」的邏輯來理解，有書可捐的目標人群，是捐書這件事的流量來源。在車站門口擺攤，碰運氣獲得的流量並不多，而且有很大的偶發性。把上萬家連鎖店變成固定捐書點，放大了地域，放寬了時間，涓涓細流匯成流量大河，效率明顯提升。

可是，另一位商業人士覺得第二種做法仍然效率太低。根據「銷售＝流量×轉化率×客單價」的邏輯，雖然獲得了更多流量，但路人有書可捐的機率很小，轉化率不高。於是，他去找圖書館館長，館長一聽他的想法，很高興的說：「我們每年都要購入大量新書，也要處理掉幾千本舊書，你把舊書都拖走吧。」

在第一、第二種做法中，路人捐的書通常是一直沒捨得扔的課本，或者四大名著之類。捐來捐去，山區小學充斥著各種版本的四大名著，其他書卻不多。但圖書館處理的書，什麼種類都有，孩子們的選擇範圍很廣。

商業不是目的，而是手段。用商業手段，可以高效的幫助更多人。

二〇〇三年，我開始參與公益事業。我身邊有很多人需要幫助，同時也有很多人願意幫助別人，只不過大家找不到彼此。這時，你也許會想起我們前面講的「資訊對稱」的邏輯了。是的，**匹配需要幫助的人和能幫助別人的人，消滅資訊不對稱，正好是網路的強項。**

二〇〇五年，我和朋友們共同創立了一個公益網站「捐獻時間」，像淘寶一樣，匹配志願者的需求和供給。這個網站成立一年多，超過四千人註冊成為志願者，其中有五百六十四名志願者參與了六十一個機構組織的兩百二十七場志願者活動，捐獻了自己寶貴的三千七十一小時，使得兩萬一千八百二十二人得到了幫助。這意味著，每三小時就有志願者通過「捐獻時間」捐出自己一小時的時間；每二十四分鐘，就有一人獲得幫助。

網路的力量第一次在公益領域產生了如此大的作用，無數媒體爭相報導。中央電視台專門派人飛到上海提出合作。二〇〇七年，「捐獻時間」移交給了央視。後來，出現了很多基於這個模式的接力者，比如騰訊公益。這就是用商業的理念來做公益事業。

這種模式能不能用在資金捐贈上呢？

不少公益基金會爆出醜聞，我認為最核心的原因在於：先有人捐錢，再去找項目，於是形成了資金庫存。大筆資金放在眼前，不出問題很難。前面講過「反向訂製」，那麼能不能反過來：先有項目，再有錢，實現去資金庫存呢？

二〇〇八年，我協助香港企業家、恆基中國董事長李家傑先生，在香港組建了「百仁基金」。二〇一二年，我又協助上海宋慶齡基金會創立了「泉公益」項目，都是秉承「先有項目，再有錢」的理念，消滅資金庫存。沒有資金庫存，就沒有了腐敗的溫床。同時，我們也確實在「泉公益」平台上發現了很多好項目。

還有「支教[27]中國二·〇」項目。我們講「全通路零售」時，理解了資訊流、金流、物流的邏輯。支教，主要解決的是「資訊流」的問題；通過「物流」的方式，把志願者送到山區，效率很低，費用很高，而且志願者來一批走一批，學生的感覺也不好。能不能只做「資訊流」呢？這個項目在山區小學捐贈遠程教室，當地老師配合，志願者遠程講課。有責任、無壓力，志願者的範圍大大擴展，質量大大提升，費用也急遽降低。實際上，該項目在「泉公益」平台上募款，大受歡迎，我也毫不猶豫的捐滿了一所小學。這就是用商業的理念來做公益事業。

27 支教：救援偏遠地區鄉鎮中小學校教育和教學管理工作，又稱義教。

KEYPOINT

用商業的理念來做公益事業

商業不但可以讓人更富有，也可以讓這個世界變得更美好，這是每一位企業家的社會責任。運用商業手段，匹配需要幫助的人和能幫助別人的人，就可以更高效的幫到更多人。

筆記時間

好想法 18

5分鐘商學院 商業篇

人人都是自己的CEO

原著書名：5分钟商学院・商业篇——人人都是自己的CEO
作　　者：劉潤
責任編輯：魏莞庭
校　　對：魏莞庭、林佳慧
視覺設計：兒日
內頁排版：洪偉傑
寶鼎行銷顧問：劉邦寧

發 行 人：洪祺祥
副總經理：洪偉傑
副總編輯：王彥萍
法律顧問：建大法律事務所
財務顧問：高威會計師事務所
出　　版：日月文化出版股份有限公司
製　　作：寶鼎出版
地　　址：台北市信義路三段151號8樓
電　　話：（02）2708-5509　　傳真：（02）2708-6157
客服信箱：service@heliopolis.com.tw
網　　址：www.heliopolis.com.tw
郵撥帳號：19716071 日月文化出版股份有限公司

總 經 銷：聯合發行股份有限公司
電　　話：（02）2917-8022　　傳真：（02）2915-7212
製版印刷：中原造像股份有限公司
初　　版：2018年10月
初版八刷：2024年 3 月
定　　價：360元

國家圖書館出版品預行編目(CIP)資料

5分鐘商學院．商業篇：人人都是自己的CEO／劉潤著.-- 初版.--
臺北市：日月文化，2018.10
352面 ；14.7 X 21公分.--（好想法；18）

ISBN 978-986-248-749-5（平裝）

1.商業管理

494　　107012537

日月文化集團
HELIOPOLIS
CULTURE GROUP

感謝您購買 5分鐘商學院 商業篇：人人都是自己的CEO

為提供完整服務與快速資訊，請詳細填寫以下資料，傳真至02-2708-6157或免貼郵票寄回，我們將不定期提供您最新資訊及最新優惠。

1. 姓名：＿＿＿＿＿＿＿＿ 性別：□男 □女
2. 生日：＿＿＿年＿＿＿月＿＿＿日 職業：
3. 電話：（請務必填寫一種聯絡方式）
（日）＿＿＿＿＿＿（夜）＿＿＿＿＿＿（手機）＿＿＿＿＿＿
4. 地址：□□□＿＿＿＿＿＿＿＿
5. 電子信箱：＿＿＿＿＿＿＿＿
6. 您從何處購買此書？□＿＿＿＿縣/市＿＿＿＿書店/量販超商
□＿＿＿＿網路書店 □書展 □郵購 □其他
7. 您何時購買此書？ 年 月 日
8. 您購買此書的原因：（可複選）
□對書的主題有興趣 □作者 □出版社 □工作所需 □生活所需
□資訊豐富 □價格合理（若不合理，您覺得合理價格應為＿＿＿＿）
□封面/版面編排 □其他＿＿＿＿＿＿＿＿
9. 您從何處得知這本書的消息： □書店 □網路／電子報 □量販超商 □報紙
□雜誌 □廣播 □電視 □他人推薦 □其他
10. 您對本書的評價：（1.非常滿意 2.滿意 3.普通 4.不滿意 5.非常不滿意）
書名＿＿＿ 內容＿＿＿ 封面設計＿＿＿ 版面編排＿＿＿ 文/譯筆＿＿＿
11. 您通常以何種方式購書？□書店 □網路 □傳真訂購 □郵政劃撥 □其他
12. 您最喜歡在何處買書？
□＿＿＿＿縣/市＿＿＿＿書店/量販超商 □網路書店
13. 您希望我們未來出版何種主題的書？＿＿＿＿＿＿＿＿
14. 您認為本書還須改進的地方？提供我們的建議？
＿＿＿＿＿＿＿＿＿＿＿＿＿＿＿＿
＿＿＿＿＿＿＿＿＿＿＿＿＿＿＿＿
＿＿＿＿＿＿＿＿＿＿＿＿＿＿＿＿
＿＿＿＿＿＿＿＿＿＿＿＿＿＿＿＿

好 想 法

寶鼎出版